电路与电子技术实验及 Proteus 仿真

卓郑安　高　飞　编著

上海科学技术出版社

图书在版编目(CIP)数据

电路与电子技术实验及 Proteus 仿真/卓郑安,高飞编著.
—上海:上海科学技术出版社,2015.4(2021.2 重印)
ISBN 978-7-5478-2588-4

Ⅰ.①电… Ⅱ.①卓… ②高… Ⅲ.①电路—实验—高等学校—教材 ②电子技术—实验—高等学校—教材 ③电路—计算机仿真—应用软件—高等学校—教材 ④电子技术—计算机仿真—应用软件—高等学校—教材 Ⅳ.①TM13 ②TN

中国版本图书馆 CIP 数据核字(2015)第 057780 号

电路与电子技术实验及 Proteus 仿真

编著　卓郑安　高　飞

上海世纪出版(集团)有限公司
上 海 科 学 技 术 出 版 社　出版、发行
(上海钦州南路 71 号　邮政编码 200235　www.sstp.cn)
常熟市兴达印刷有限公司印刷
开本 787×1092　1/16　印张 9.75
字数:200 千字
2015 年 4 月第 1 版　2021 年 2 月第 3 次印刷
ISBN 978-7-5478-2588-4/TN·15
定价:28.00 元

本书如有缺页、错装或坏损等严重质量问题,
请向工厂联系调换

内 容 提 要

本书是为应用型本科院校的电气类、电子信息类、机电类相关专业的学生编著，是一本电路电子基础实验教材，通过本书的学习，学生能够应用 Proteus 软件进行基础实验的仿真。

本书总结了电路与电子技术实验方面的教学思想、方法和手段，强调对工程实践能力的培养，深入浅出地介绍了电路实验、数字电子技术实验和模拟电子技术实验。仿真实验通过对三个电学基础实验模块的操作指引，具体介绍了 Proteus 仿真软件的使用方法，体现其基础实验和仿真实验相结合的特点。全书突出课程重点，强调实验基础训练，简明易读，可操作性强。

本书适合于普通高等院校电气类、电子信息类、机电类相关专业的本科生、专科生，可以作为高校电路电子设计与仿真类课程的教材；也可供电子技术爱好者使用。

本书相关课件请至“http://jc.sstp.cn/kj/”网址下载。

前　言

实验教学是电气信息类专业基础课程中的重要实践环节,与专业教学紧密结合,对培养学生理论联系实际的能力具有重要作用。随着教学改革的深入,不少专业核心课程进行了适当的调整,《电路与电子技术实验及 Proteus 仿真》一书就是与应用型本科院校的电学基础类平台课程配套的实验教材。按照电气类专业对专业基础课程的基本要求,把电路基础、数字电子技术基础、模拟电子技术基础及其相应的仿真实验,合理地安排在一本教材里,适应了电气类专业对专业基础实验课程少学时的要求。教学内容的深浅可有不同侧重点和取舍,适应性较强,在使用时具有较大的灵活性。

实验的基本思想和方法使人受益匪浅,实验课程在当前电子科学与技术的教学中占据重要的地位。为使实验教学成为教学平台上的一个强项和特色,本着简明、实用、新颖的编写原则,努力体现"教、学、做"一体化,由浅入深、循序渐进。编者注重培养读者的自学能力、动手能力和严谨的科学态度,认真总结来自基础实验第一线的实践体会和教学改革经验,致力于用实验手段来帮助读者熟练掌握电学基础中的基础理论和重要概念,力求突出实验重点和难点。深入浅出地介绍了电路基础实验、数字电子技术基础实验和模拟电子技术基础实验中要完成的"实验任务""实验指导""实验思考"等。指出操作时的注意事项,并给出相关的实验思考。

本书根据教学基本规律和高校实践教学要求,以教育理念创新为引导,融合了虚拟仿真技术在实验教学中的应用,有助于实验教学方法教育的改革。为了便于读者结合本书上机使用,第二章电路基础实验仿真、第四章数字电子技术基础实验仿真、第六章模拟电子技术基础实验仿真,详细介绍了各相关实验的仿真电路原理图、仿真实验的波形图、仿真方法的详细讲解和操作技巧。读者可以在简单而具体的指导下,快速掌握软件仿真的使用方法,并与实验结果对比,进行实验分析。

创建向工科类学生开放的电类基础仿真实验平台,帮助工科类学生更快地掌握业内主流电子设计工具,比较灵活地将不同学科的电子设计知识融会贯通,正是编者所追求的。Proteus 嵌入式系统仿真与开发平台是由英国 Labcenter 公司开发的,是目前电子设计爱好者广泛使用的电子线路设计与仿真软件。为了使具有电子学基础知识的读者也能使用该软件,编者利用"实验任务""选用器件""相关理论""构建仿真电路""仿真结果""仿真要点"几个部分,通过对基础实验仿真的教学实例来介绍 Proteus 仿真软件的基本使用方法,使学习变得轻松有趣。

全书分为电路基础实验、电路基础实验仿真、数字电子技术基础实验、数字电子技术基础实验仿真、模拟电子技术基础实验、模拟电子技术基础实验仿真六章。引导学生从电路、数字电子技术、模拟电子技术三个基础实验模块入手，自主操作仿真软件，并在硬件平台上调试且改进。仿真技术进校园，仿真教学进课堂，加快了对工科类基础课程的数字化改革，创新了信息化教学与学习方式，提升了个性化互动教学水平。

本书由上海工程技术大学卓郑安、高飞编著。上海工程技术大学梁鉴如、沈行良、周顺、朱文立等对各个基础部分的实验提出了许多宝贵意见和建议；王凯、顾鋆骅、周臻辉、李大伟、王德寿等同学在软件仿真实验等方面做了大量基础工作，在此表示衷心感谢！

本书编写的立足点是具有较宽的适应面，便于读者阅读和因材施教。本书适合于高等院校工科类或相关专业的本科生、专科生；也可供相关领域的工程技术人员使用。

由于编者水平有限，缺点和错误在所难免，恳请读者提出批评和改进意见。

编者

2015 年 1 月

目　录

第一章　电路基础实验

第一节　基尔霍夫定律和电路中的电位

一、实验任务

（1）通过对电路中电压和电流的测量，掌握万用表和直流稳压电源的使用方法。

（2）验证基尔霍夫定律，进一步理解电路中电压、电流参考方向的意义。

（3）证明电路中电位的相对性及电压的绝对性；理解电位与电压的关系。

二、实验指导

1. 基尔霍夫定律

在测量电路中各支路电流及各元件两端电压时，必须分别满足基尔霍夫电流定律和基尔霍夫电压定律。

基尔霍夫电流定律指出：在任一瞬间，电路中某个结点上电流的代数和恒等于零，即$\Sigma I=0$。基尔霍夫电压定律指出：对任何一个闭合回路而言，在任一瞬间，沿任一回路循行方向，回路中各段电压的代数和恒等于零，即$\Sigma U=0$。应用基尔霍夫定律时，必须预先设定电流及电压的参考方向。

2. 直流电流的测量

图1-1-1所示为验证基尔霍夫定律和电位测量的参考电路，按图连线，并在电路中自行设定各回路电压、支路电流的参考方向。

电流表应该串联在被测支路中。为了使电路的工作不因接入电流表而受影响，电流

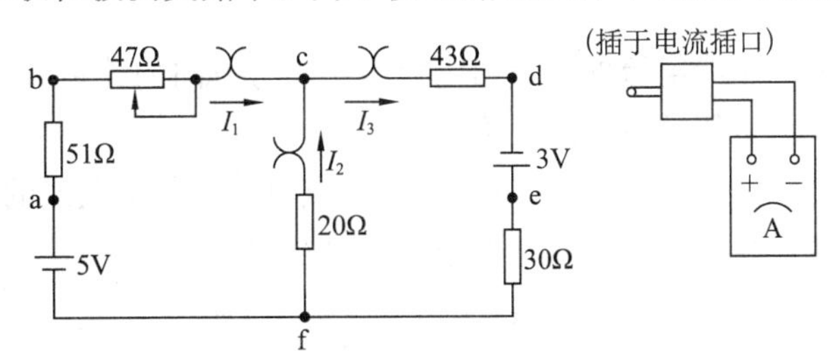

图1-1-1　验证基尔霍夫定律和电位测量的参考电路

表的内阻必须很小。

用万用表测量所选各电阻的阻值，并与标称值对比。调整两路直流稳压电源，分别使 $E_1=5V$，$E_2=3V$，将 E_1、E_2 断电后接入被测电路。接通直流稳压电源，分别测量各支路电流，将测量值记录在表 1-1-1 中。

表 1-1-1　基尔霍夫电流定律的验证

	I_1	I_2	I_3	ΣI
计算值(mA)				
测量值(mA)				

3. 直流电压与电位的测量

1）电压的测量　电压表是用来测量电源、负载或某段电路两端的电压的，必须和它们并联。为了使电路的工作不因接入电压表而受影响，电压表的内阻必须很大。

分别测量电路中各段电压，将测量数据记录在表 1-1-2 中，并验证基尔霍夫电压定律。

2）电位的测量　分析电路时，必须选定电路中某一点作为参考点，它的电位称为参考电位。电路中某一点的电位等于该点与参考点(电位为零)之间的电压。参考电位选得不同，电路中各点的电位大小随着改变，但是任意两点间的电压值是不变的。即电路中各点电位的高低是相对的，而电路中某两点间的电压值是绝对的。

分别使 $E_1=5V$，$E_2=3V$，以图 1-1-1 中的 a 点作为参考点，分别测量 b、c、d、e、f 各点的电位，并测量电路中相邻两点之间的电压值 U_{ab}、U_{bc}、U_{cd}、U_{de}、U_{ef}、U_{fa}。再以图 1-1-1 中的 d 点作为参考点，重复测量相关数据，并记录在表 1-1-2 中。

表 1-1-2　基尔霍夫电压定律及电位的测量

		U_a	U_b	U_c	U_d	U_e	U_f	U_{ab}	U_{bc}	U_{cd}	U_{de}	U_{ef}	U_{fa}
参考点 a	计算值(V)												
	测量值(V)												
参考点 d	计算值(V)												
	测量值(V)												

三、实验思考

(1) 理解电路中电压或电流的正负值与该电量参考方向的关系。

(2) 电路中电位为负值的意义是什么？

(3) 将等电位点相连，观察是否影响电路中各点电位及各个电流的大小？

(4) 用万用表测电阻可以直接在工作电路中进行吗？

(5) 用万用表测量电阻时，仪表指针尽可能在标尺的什么位置？

第二节　叠加定理

一、实验任务

(1) 验证线性电路的叠加定理。

(2) 加深对线性电路的叠加性和齐次性的认识和理解。

(3) 进一步掌握常用直流仪器仪表和直流稳压电源的使用方法。

二、实验指导

1. 叠加定理

在有几个独立电源共同作用的线性网络中,通过每一个元件的电流或其两端的电压,可以看成是每一个独立电源单独作用时在该元件上所产生的电流或电压的代数和,这一结论称为线性电路的叠加定理。从数学上看,电路的叠加定理就是线性方程的可加性。功率的计算就不能用叠加定理。

所谓电路中只有一个电源单独作用,就是假设将其余的独立电源都去除。理想电压源去除后用短接线代替,即其电动势为零;令理想电流源开路,即其电流为零。

线性电路的齐次性是指当激励信号(某独立电源的值)增加或减少某值时,电路的响应(即在电路其他各电阻元件上所建立的电流和电压值)也将增加或减少某值。

2. 叠加定理验证

图 1-2-1 所示为验证叠加定理的参考电路,按图接线,适当选取电源 E_1 和 E_2 的值。此时,二极管断开。

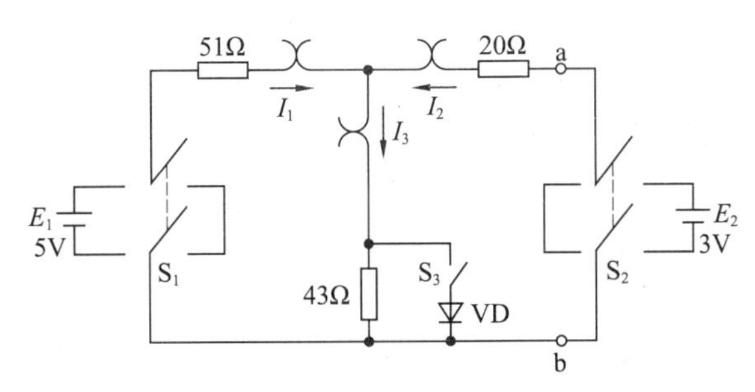

图 1-2-1　验证叠加定理的参考电路

(1) 令 E_1 电源单独作用时(将开关 S_1 投向 E_1 侧、开关 S_2 投向短路侧),用直流电压表和直流毫安表测量各支路电流及各电阻元件两端的电压,测量数据记录在表 1-2-1 中。

(2) 令 E_2 电源单独作用时(将开关 S_1 投向短路侧、开关 S_2 投向 E_2 侧),重复(1)的实验内容,测量数据记录在表 1-2-1 中。

(3) 令 E_1 和 E_2 电源共同作用时(开关 S_1 和 S_2 分别投向 E_1 和 E_2 侧),重复(1)的实验内容,测量数据记录在表 1-2-1 中。

(4) 将二极管并联在参考电路所示的支路电阻两端,此时,电路呈非线性,重复(1)~(3)的测量内容,填入自拟表格中,并说明叠加原理不适用于非线性电路。

表 1-2-1　验证叠加定理

	E_1(V)	E_2(V)	I_1(mA)	I_2(mA)	I_3(mA)
E_1 单独作用					
E_2 单独作用					
E_1 和 E_2 共同作用					

三、实验思考

(1) 理解叠加定理的应用条件。

(2) 电路中电阻消耗的功率是否满足叠加性?

(3) 实验电路中的直流稳压电源输出端为什么不能短路?

(4) 在实验过程中,不得随意改变电压表和电流表的接入位置,否则会产生什么影响?

第三节　戴维南定理

一、实验任务

(1) 了解电流源与电压源的外特性。

(2) 掌握实际电压源与实际电流源等效变换的条件。

(3) 验证戴维南定理。

二、实验指导

1. 电源的电路模型

一个实际的电源可以用两种不同的电路模型来表示:一种是用电压输出的形式来表示,称为电压源模型;另一种是用电流输出的形式来表示,称为电流源模型。

当电源的端电压 U 恒等于电动势 E 并且是一个定值,而其中的电流 I 则由负载 R_L 及电压 U 本身确定,这样的电源称为理想电压源或恒压源。当电源的电流 I 恒等于短路电流 I_s 并且是一个定值,而其两端的电压 U 则由负载 R_L 及电流 I_s 本身确定,这样的电源称为理想电流源或恒流源。

在实际工程中,绝对的理想电源是不存在的。一个实际的电源既可以等效为电压源模型,也可以等效为电流源模型,就其外特性而言两者是相同的,所以电源的这两种电路模型相互间是等效的,可以等效变换。

2. 戴维南定理

任何一个复杂电路,如果只需要研究其中一条支路的电流和电压时,可以将该支路划出,而把其余部分看作一个有源二端网络,如图 1-3-1 所示。不论这个有源二端网络的复杂程度如何,对于要研究的支路来说,仅相当于某一个实际电源。因此,这个有源二端网络一定可以化简为一个等效电源。图 1-3-1b 所示有源二端网络化简为一个等效电压源,图 1-3-1c 所示有源二端网络则化简为一个等效电流源。

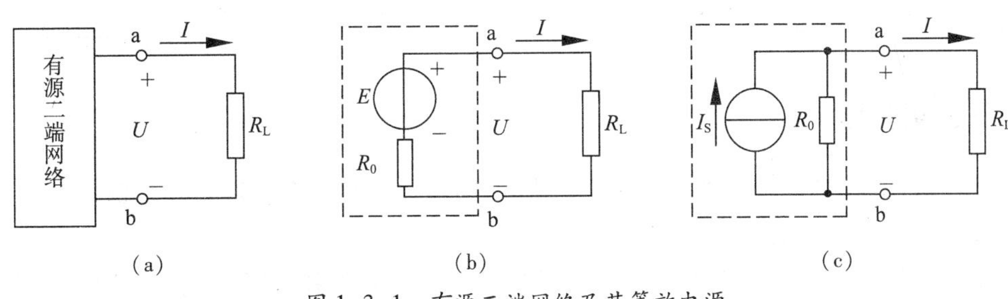

图 1-3-1　有源二端网络及其等效电源

任何一个有源二端线性网络,其对外作用可以用一个理想电压源和电阻串联的等效电压源模型代替。其等效的源电压,等于此有源二端线性网络的开路电压;其等效内阻,是有源二端线性网络内部各独立电源都不作用时的无源二端线性网络的输入电阻,这就是戴维南定理。

3. 戴维南定理的验证

图 1-3-2 所示为验证戴维南定理的原理图。引出 a-b 两端作为外电路(图示可调电阻)接口,将其余部分等效为有源二端线性网络,用一个理想电压源和电阻串联的等效电压源模型代替。

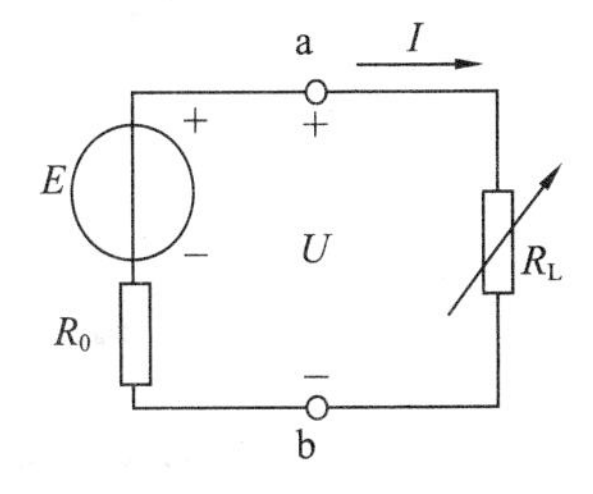

图 1-3-2　验证戴维南定理的原理图

图 1-3-3 所示为验证戴维南定理的参考电路。引出 a-b 两端作为外电路(图示可调电阻)接口,将其余部分作为有源二端线性网络。

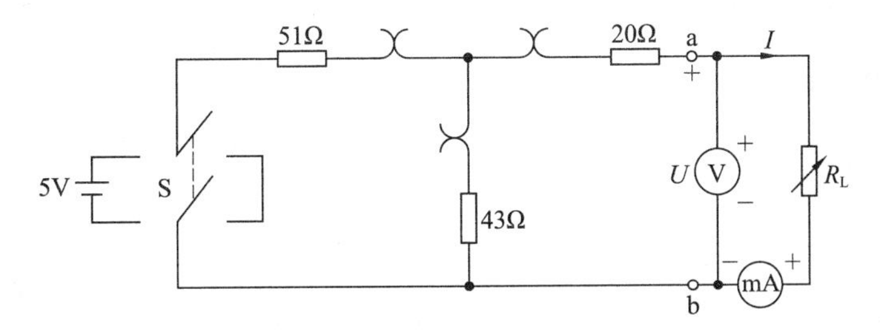

图 1-3-3　验证戴维南定理的参考电路

(1) 分别测量有源二端线性网络的开路电压(接入 5V 电源电压)、除源以后(断开 5V 电源电压后,再接短接线)的等效内阻,并自拟一个戴维南等效电路图。

(2) 改变外接可调电阻的大小,分别测量原始电路与戴维南等效电路中所示的电阻两端电压及流过电阻的电流。

(3) 将实验测量数据填入表 1-3-1 中。

表 1-3-1　验证戴维南定理

R_{eq} = ______ Ω　　U_{oc} = ______ V										
R_L(Ω)		40	60	80	100	120	140	160	180	200
电路未等效时的测量值	U(V)									
	I(mA)									
电路等效后的测量值	U_1(V)									
	I_1(mA)									

三、实验思考

(1) 恒压源(理想电压源)、恒流源(理想电流源)之间是否可以等效互换?

(2) 戴维南定理的应用条件是什么?

(3) 线性有源网络的开路端电压及去除电源(电源不作用)以后的等效电阻如何测量?

(4) 在实验过程中,为什么恒压源不能短路、恒流源不能开路?

(5) 根据实验测量结果,分析等效电压源模型的外特性,并画出外特性图。

第四节　正弦交流电路中单一元件的参数

一、实验任务

(1) 学习双踪示波器和交流信号发生器的使用方法。

(2) 掌握正弦交流电路中电阻、容抗、感抗的测量方法。

(3) 加深理解单一正弦交流电路中电阻、容抗、感抗的概念。

(4) 明确正弦交流电路中电压与电流的相位关系。

二、实验指导

1. 单一元件的交流电路

对交流电路的分析,是以分析单一元件的交流电路为基础的。因为各种复杂电路都由一些单一元件组合而成,所以必须熟练掌握单一元件中电压与电流的相位关系。图 1-4-1 所示为单一元件正弦交流电路中元件端电压与电流的相位关系。

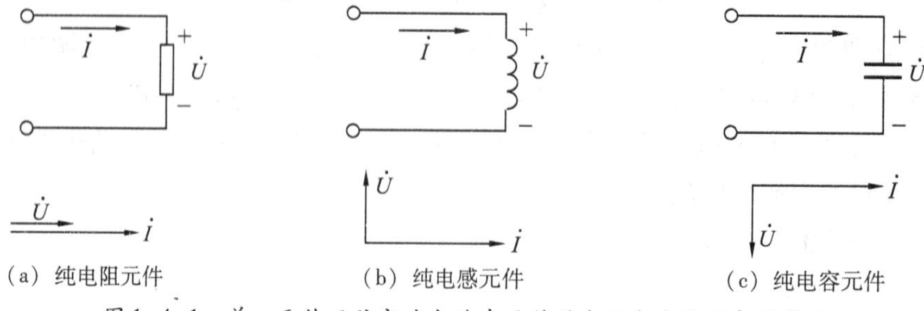

(a) 纯电阻元件　(b) 纯电感元件　(c) 纯电容元件

图 1-4-1　单一元件正弦交流电路中元件端电压与电流的相位关系

在纯电阻元件正弦交流电路中，电阻两端电压和电流同相位，如图 1-4-1a 所示。在纯电感元件正弦交流电路中，电感两端电压超前电流 90°，如图 1-4-1b 所示。在纯电容元件正弦交流电路中，电容两端电压滞后电流 90°，如图 1-4-1c 所示。

2. 电感线圈参数测量(纯电感与线圈电阻串联)

图 1-4-2 所示为测量电感线圈参数的参考电路，按图接线。

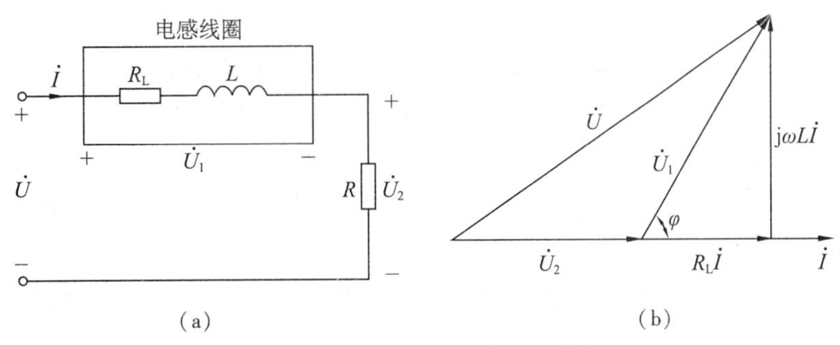

图 1-4-2　测量电感线圈参数的参考电路

输入电源为单相交流电压，为了使电感线圈正常工作，以单相调压器的输出电压为串联电路的输入信号。调压器输出电压(有效值)分别为 100V、120V 和 140V，用交流电流表和交流电压表分别测量图 1-4-2a 所示电路图中的电流与三个电压。测试数据记录在表 1-4-1 中；并按照表格要求计算其他参数且记录在表中。

表 1-4-1　电感线圈参数的测量

测　量　值				计　算　值				
U(V)	U_1(V)	U_2(V)	I(A)	$\cos\varphi$	$R(\Omega)$	$Z(\Omega)$	$R_L(\Omega)$	L(H)
100								
120								
140								
平均值								

3. 判断电抗性质

图 1-4-3 所示为判断电抗性质的参考电路。由于取样电阻上的电压和电流同相，参考电路中取样电阻上的电压波形可以反映该支路电流的相位。

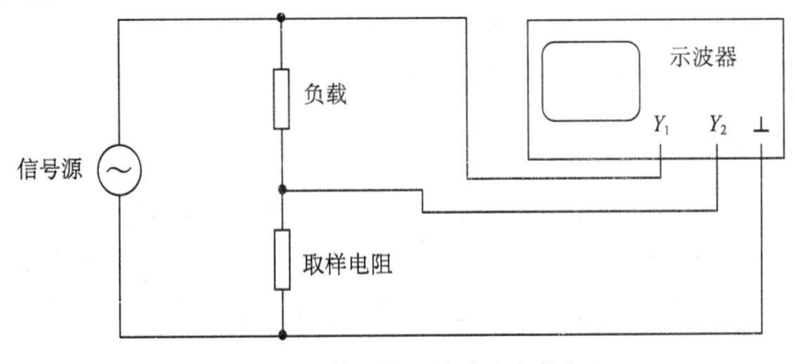

图 1-4-3　判断电抗性质的参考电路

1) 电容性负载电路(将实测数据及理论计算值填入自拟表格中)

(1) 选择负载电容(C=0.1μF)、取样电阻(R=20Ω),并按图 1-4-3 接入参考电路中。

(2) 将信号发生器的输出频率调整至 2 000Hz,输出电压(有效值)调整至 5V 左右。

(3) 调整双踪示波器两个通道的垂直位移旋钮,使两列波形的时间轴重叠,以便比较和记录相位。

(4) 观察并记录电压和电流波形(1 ~2 个周期),读出波形的峰值及相位差,画出相量图并计算阻抗,说明阻抗的性质。

2) 电感性负载电路(将实测数据及理论计算值填入自拟表格中)

(1) 选择负载电感(L=1H)、取样电阻(R=910Ω),并按图 1-4-3 接入参考电路中。

(2) 将信号发生器的输出频率调整至 5 000Hz,输出电压(有效值)调整至 5V 左右。

(3) 调整双踪示波器两个通道的垂直位移旋钮,使两列波形的时间轴重叠,以便比较和记录相位。

(4) 观察并记录电压和电流波形(1 ~2 个周期),读出波形的峰值及相位差,画出相量图并计算阻抗,说明阻抗的性质。

三、实验思考

(1) 阅读有关双踪示波器的使用方法,复习正弦交流电路的内容。

(2) 使用双踪示波器测量两个电压时,为什么要注意公共端是否造成短路?

(3) 取样电阻的作用是什么? 它的阻值大小对测量结果有什么影响?

(4) 根据实验数据画出各个电路的相量图。

(5) 计算阻抗的大小及电流与电压的相位差。

第五节　RLC 串、并联谐振电路

一、实验任务

(1) 了解谐振现象,加深对谐振电路特性的认识。

(2) 研究电路参数对谐振电路特性的影响。

(3) 掌握 RLC 串、并联谐振电路的测试方法。

(4) 自拟用实验的方法确定电路谐振频率的方案。

二、实验指导

在交流电路中,电容元件的容抗和电感元件的感抗都与频率有关。在电源频率一定时,它们的电抗值是确定的;但当电源电压或电流(激励信号)的频率发生改变(即使它们的幅值不变)时,容抗和感抗也随之改变,从而使电路中各部分所产生的电流和电压(响应信号)的大小和相位也随之改变。

在具有电容和电感元件的电路中,电路两端的电压和电路中的电流之间的相位一般是不同的。如果调节电路的参数或电源的频率而使它们同相,这时电路中就会发生谐振现象。按发生谐振的电路结构不同，可分为串联谐振和并联谐振。

1．串联谐振

图 1-5-1 所示为 RLC 串联的交流电路。在图 1-5-1a 所示电路图中，电路中各元件通过同一电流，电流与各元件上的电压参考方向如图所示，其相量图如图 1-5-1b 所示。电路的阻抗为

$$|Z| = \sqrt{R^2 + (X_L - X_C)^2} = \sqrt{R^2 + \left(\omega L - \frac{1}{\omega C}\right)^2}$$

电源电压 u 与电流 i 之间的相位角 φ 为

$$\varphi = \arctan \frac{U_L - U_C}{U_R} = \arctan \frac{X_L - X_C}{R}$$

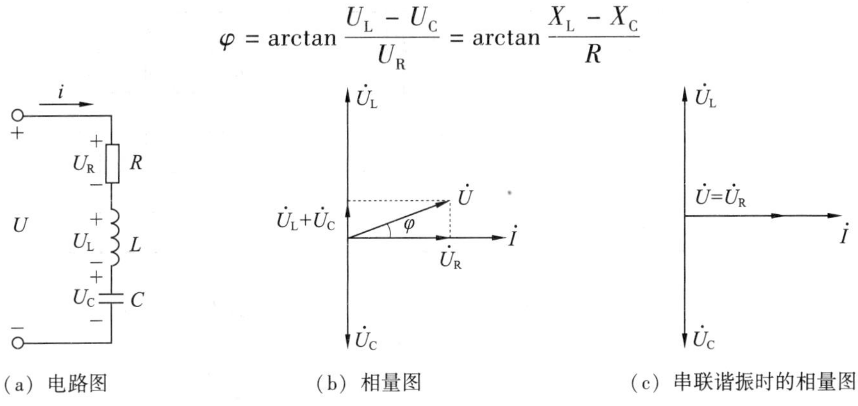

（a）电路图　（b）相量图　（c）串联谐振时的相量图

图 1-5-1　RLC 串联的交流电路

随着电路参数及电源频率的不同，电源电压 u 与电路中的电流 i 之间的相位角 φ 也就不同。当 $X_L=X_C$ 时，$\varphi=0$，即电源电压 u 与电路中的电流 i 同相，如图 1-5-1c 所示，此时电路中发生谐振现象，因为发生在串联电路中，所以称为串联谐振。串联电路发生谐振时，有

$$\omega_0 L = \frac{1}{\omega_0 C}$$

$$Z = R$$

$$Q = \frac{U_L}{U} = \frac{U_C}{U} = \frac{\omega_0 L}{R} = \frac{1}{\omega_0 RC}$$

$$f_0 = \frac{1}{2\pi\sqrt{LC}}$$

2．串联谐振测量

图 1-5-2 所示为测量串联谐振的参考电路，按图接线。

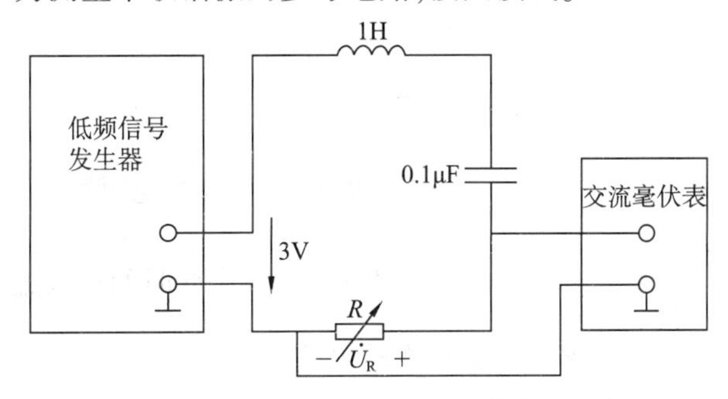

图 1-5-2　测量串联谐振的参考电路

(1) 测量串联谐振频率。取电感元件 $L=1\text{H}$、电容元件 $C=0.1\mu\text{F}$、电阻元件 $R=2\text{k}\Omega$。调节低频信号发生器的输出电压有效值为 3V,保持输入电压的大小不变,连续改变信号发生器的频率,当晶体管毫伏表测得电阻上的电压最大(电流也是最大)时,对应的频率就是谐振频率 f_0。根据测量数据和电路参数,还可以计算出谐振时的电流、电路的品质因数 Q。

(2) 测量串联谐振曲线。信号发生器的输出电压(有效值)保持在 3V,以(1)测出的谐振频率 f_0 为中心频率,以±40Hz 为步长,改变信号发生器的输出频率,测量出完整的谐振曲线并记录在表 1-5-1 中。

表 1-5-1　串联谐振曲线的测量

$L=1\text{H}$				$C=0.1\mu\text{F}$						$U=3\text{V}$					
f(Hz)									$f_0=$						
$R=2\text{k}\Omega$	测量值	U_R(V)													
		U_L(V)													
		U_C(V)													
	计算值	I(mA)													

(3) 保持电感元件 L、电容元件 C 不变,将电阻元件 R 增大一倍或减小一半,重复步骤(1)、(2),观测并分析电路参数对测量谐振特性的影响。

3. 并联谐振测量

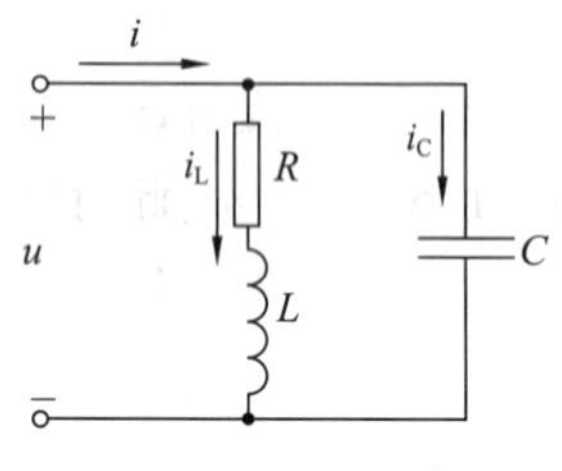

图 1-5-3　测量并联谐振的参考电路

图 1-5-3 所示为测量并联谐振的参考电路。电路的等效阻抗为

$$Z=\frac{\frac{1}{\mathrm{j}\omega C}(R+\mathrm{j}\omega L)}{\frac{1}{\mathrm{j}\omega C}+(R+\mathrm{j}\omega L)}=\frac{R+\mathrm{j}\omega L}{1+\mathrm{j}\omega RC-\omega^2 LC}$$

因为线圈的电阻值一般很小,所以在谐振时,$\omega L \geqslant R$,则

$$Z\approx\frac{\mathrm{j}\omega L}{1+\mathrm{j}\omega RC-\omega^2 LC}=\frac{1}{\frac{RC}{L}+\mathrm{j}\left(\omega C-\frac{1}{\omega L}\right)}$$

当发生并联谐振时

$$\omega_0 C-\frac{1}{\omega_0 L}\approx 0,\omega_0\approx\frac{1}{\sqrt{LC}}$$

则谐振频率为

$$f=f_0=\frac{1}{2\pi\sqrt{LC}}$$

同时,电路中的阻抗 $Z_0=\frac{L}{RC}=Z_{\max}$,电路呈现高阻抗(纯电阻性),电源电压 u 与电路中的电流 i 之间的相位角 $\varphi=0$。当外加电压一定时,电路中此时的总电流最小,即 $I=\frac{U}{Z_0}=I_{\min}$。

(1) 自己设计一个并联谐振电路的实验电路。

(2) 参考串联谐振的实验方案,设计并联谐振曲线的测量表格。

(3) 测量所设计的实验电路的并联谐振频率 f_0,并画出谐振曲线(即电路总电流与电源频率的关系曲线)。

三、实验思考

(1) 在实验过程中如何判断电路处于谐振状态?

(2) 根据实验数据,画出串联和并联谐振时的谐振曲线,并分析电路参数对谐振特性的影响。计算电路串联谐振时的电流和电路的品质因数 Q。

(3) 为什么信号发生器输出电压频率的改变会使信号发生器的输出电压发生变化?

(4) 在测量时为什么必须保持信号发生器输出电压值为定值?

(5) 在串联谐振时,改变 R 是否影响谐振频率? 如果改变 C 是否影响谐振频率?

第六节　交流电路功率因数的提高

一、实验任务

(1) 进一步掌握正弦交流电路中各元件上电压、电流的相位关系。

(2) 学习功率表和功率因数表的正确使用方法。

(3) 了解交流电路功率因数提高的意义。

二、实验指导

1. 电路的功率因数

在正弦交流电路中,电源设备的容量用视在功率 $S=UI$ 表示。在计算交流电路的平均功率时,还需考虑电压与电流间的相位差。用电设备(即负载)吸收的有功功率 P 并不等于 UI,而是 $P=UI\cos\varphi$,其中 φ 是负载电压与电流的相位差,称为功率因数角,$\cos\varphi$ 称为电路的功率因数。当电源设备的视在功率 S 一定时,功率因数 $\cos\varphi$ 越小,则输出的有功功率就越小,电源设备的容量就不能充分利用。同样,负载的有功功率 P 和电压 U 一定时,功率因数 $\cos\varphi$ 越高,从电源到负载之间的输电线路中的电流 I 就越小,在输电线路上的损耗也就越低。所以,提高功率因数对电力系统的运行十分重要,有很大的经济意义。

在用电设备中,只有在电阻负载情况下,电压与电流同相,功率因数 $\cos\varphi=1$;而实际用电设备中电感性负载(电阻负载与纯电感负载串联)居多。图 1-6-1 所示为 RL 串联电路,图 1-6-2 所示为 RL 串联电路相量,图中电压与电流的夹角 φ 就是功率因数角。

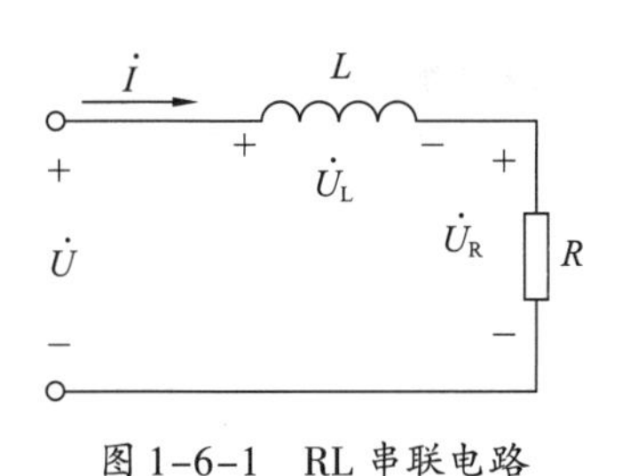

图 1-6-1　RL 串联电路

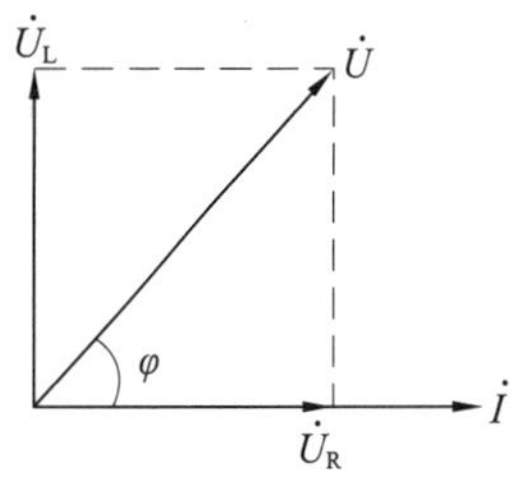

图 1-6-2　RL 串联电路相量

从相量图中可以直观地看出，当电压 U 值的大小不变时，功率因数角 φ 越大，则电路的有功功率 $U_R I$ 就越小。

2. 提高功率因数的方法

如果在 RL 串联（感性负载）电路的输入端并联一个电容，就得到如图 1-6-3 所示的 RLC 串并联电路，图 1-6-4 所示为 RLC 串联电路相量，表示电路中各个电压与电流的相量关系。电路的总电流 I 与电压 U 之间的相位角 φ（功率因数角）变小了，即功率因数提高了。在有功功率不变的情况下，电路的总电流 I 变小了。

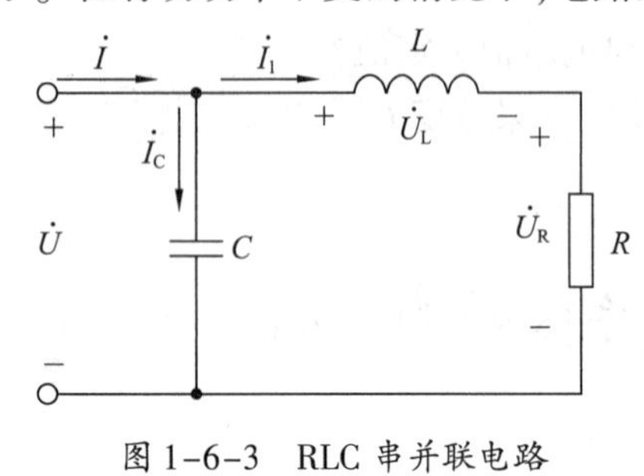

图 1-6-3　RLC 串并联电路

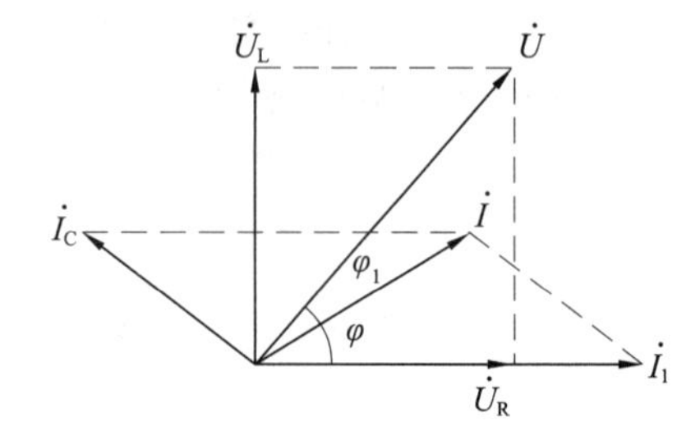

图 1-6-4　RLC 串并联电路相量

可见，要提高供电电路的功率因数，可以在电感负载两端并联一个电容进行补偿，但补偿电容必须合理选择。一方面，从经济角度来看，大电容的价格较高；另一方面，从图 1-6-4 所示的相量图中可以看出，电容太大，电路性质可能会呈现容性，反而使功率因数降低。

（1）图 1-6-5 所示为提高电路功率因数的参考电路，按图接线。

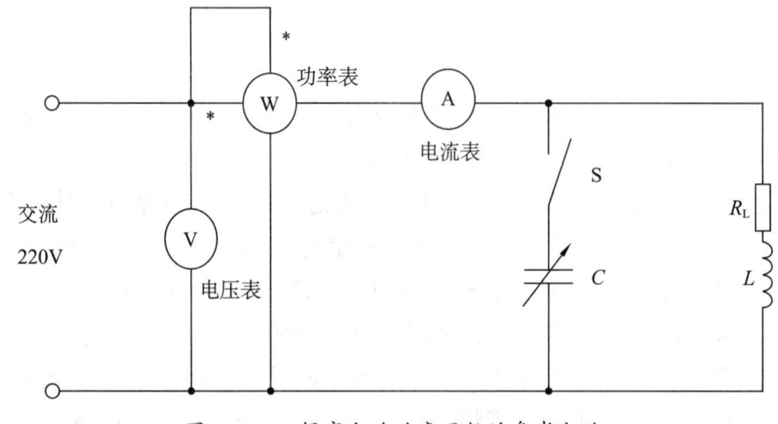

图 1-6-5　提高电路功率因数的参考电路

测量不并联电容时的电源电压 U、电感两端电压 U_L、电阻两端电压 U_R、电路电流 I、电路的有功功率 P，将测量数据记录在表 1-6-1 中，并计算电路的功率因数。

表 1-6-1　不并联电容时电路的功率因数

测　量　值					计　算　值
U(V)	U_L(V)	U_R(V)	I(A)	P(W)	$\cos\varphi_{RL}$

（2）图 1-6-6 所示为电路功率因数可调的参考电路，按图接线。

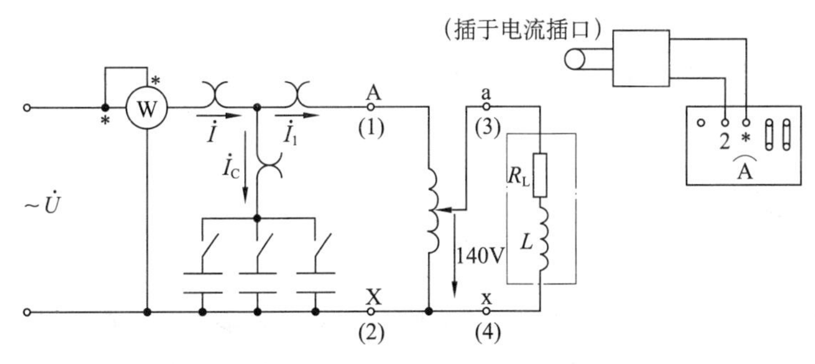

图 1-6-6　电路功率因数可调的参考电路

当改变并联电容的大小时，重新测量电源电压 U、电路的总电流 I、各支路的电流 I_C 和 I_{RL}、电路的有功功率 P，将测量数据记录在表 1-6-2 中，并计算相应的功率因数。

表 1-6-2　并联电容后电路的功率因数

并联电容 C(μF)	测　量　值					计算值
	U(V)	I(A)	I_C(A)	I_{RL}(A)	P(W)	$\cos\varphi$
1						
2.2						
3.2						
4.3						

三、实验思考

(1) 阅读有关功率测量的内容，了解功率表的原理和使用方法。

(2) 简述电感性电路的工作原理，理解提高电路功率因数的方法。

(3) 在感性电路中，为什么常用并联电容的方法来提高功率因数，而不用电感与电容串联的方法？电路的最佳补偿电容值为多少？为什么必须使用400V以上耐压的电容器？

(4) 当改变并联电容的大小时，电路的功率因数如何改变？

(5) 记录所测得的实验数据，按比例画出电源电压、电感支路电流、电容支路电流和总电流之间的相量图。

第七节　三相交流电路中功率的测量

一、实验任务

(1) 复习三相交流电路功率的基本概念，学习三相交流电路中三相负载的两种联结方法，并进行理论计算。

(2) 掌握三相交流电路中功率的不同测量方法。

(3) 用白炽灯组成对称或不对称负载的星形联结，分别用二功率表法和三功率表法测量三相负载的总有功功率。

二、实验指导

1. 三相负载的联结

三相负载有星形联结和三角形联结两种联结方式，不论负载是哪一种联结方式，电路总的有功功率都等于各相有功功率之和。当负载对称时，每一相的有功功率是相等的，因此三相交流电路总有功功率为

$$P = 3P_P = 3U_P I_P \cos\varphi$$

式中，φ 是相电压 U_P 与相电流 I_P 之间的相位差。

当对称负载为星形联结时，负载上电压与电流为

$$U_L = \sqrt{3}\,U_P$$

$$I_L = I_P$$

当对称负载为三角形联结时，负载上电压与电流为

$$U_L = U_P$$

$$I_L = \sqrt{3}\,I_P$$

电路总有功功率为

$$P = 3P_P = 3U_P I_P \cos\varphi = \sqrt{3}\,U_L I_L \cos\varphi$$

因为三相电路的线电压和线电流比较容易测量，通常用 $P=\sqrt{3}\,U_L I_L \cos\varphi$ 来计算三相电路的有功功率。

2. 三相功率的测量

图 1-7-1 所示为三相电路的二功率表法测量参考电路。在实际测量时，在三相三线制中，不论负载对称与否，都可使用两只功率表来测三相功率，称为二功率表法。两只功率表的电流线圈分别串入任意两条相线中(图示为 U、V 线)，电压线圈的非 * 标端共同接在第三条端线上(图示为 W 线)。

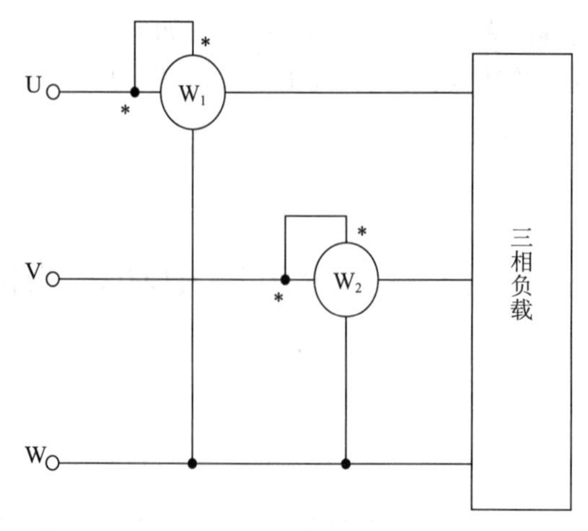

图 1-7-1　三相电路的二功率表法测量参考电路

图 1-7-2 所示为负载对称三相电路相量。由图可见，U_{UW}与 I_U 之间的相位差为(30° -φ)，U_{VW}与 I_V 之间的相位差为(30°+φ)。功率表 W_1所测得的有功功率 P_1 为

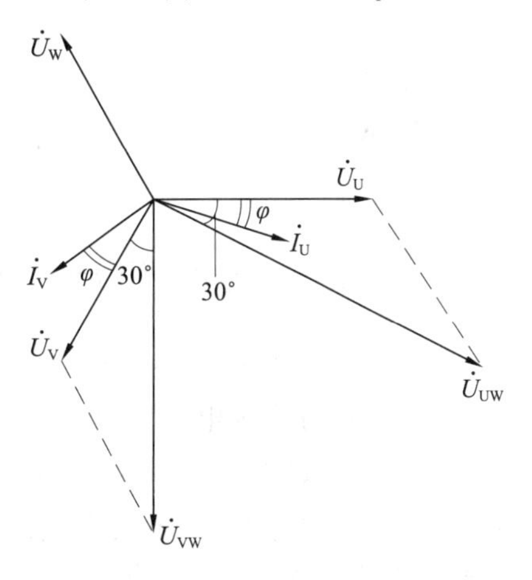

图 1-7-2　负载对称三相电路相量

$$P_1 = U_{UW}I_U\cos(30° - \varphi) = U_LI_L\cos(30° - \varphi)$$

功率表 W_2所测得的有功功率 P_2 为

$$P_2 = U_{VW}I_V\cos(30° + \varphi) = U_LI_L\cos(30° + \varphi)$$

两个功率表所测有功功率之和为

$$P = P_1 + P_2 = U_LI_L[\cos(30° - \varphi) + \cos(30° + \varphi)] = \sqrt{3}U_LI_L\cos\varphi$$

上式表明：两个功率表所测得的有功功率之和，等于三相负载总的有功功率。可以证明，在不对称三相三线制电路中，两个功率表所测得的有功功率之和，也等于三相负载总的有功功率。

图 1-7-3 所示为二表法测量有功功率的参考电路。

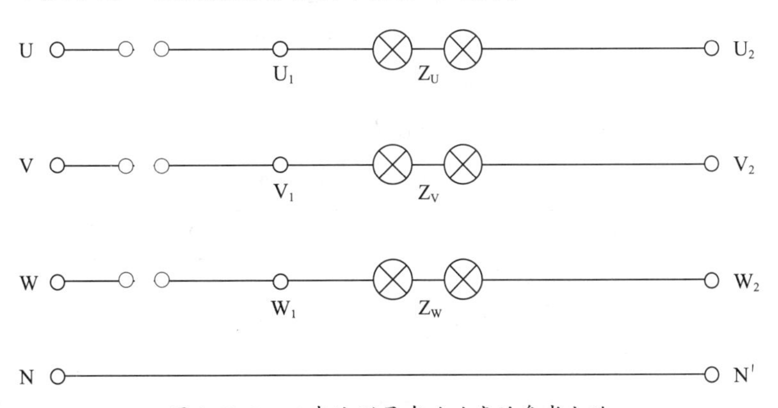

图 1-7-3　二表法测量有功功率的参考电路

1）二表法测量有功功率(可用白炽灯作为电阻性负载)

(1) 将图 1-7-3 组成星形联结，得到如图 1-7-4 所示二表法功率测量接线。注意功率表电压线圈和电流线圈的同名端接法。U、V、W 接三相电源端，接线时必须关闭电源。

(2) 接线完毕并检查无误后，合上电源开关，读取两个功率表的测量数据，并记录在表 1-7-1 中。

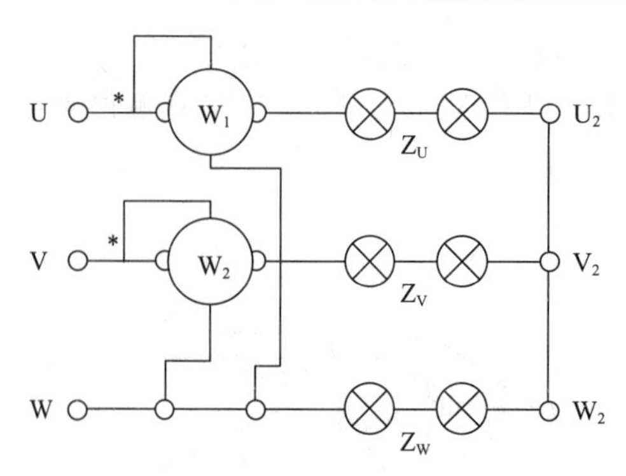

图 1-7-4　二表法功率测量接线

2）三表法测量有功功率（可用白炽灯作为电阻性负载）

（1）将图 1-7-3 组成星形联结，得到如图 1-7-5 所示三表法功率测量接线。注意功率表电压线圈和电流线圈的同名端接法。U、V、W 接三相电源端，接线时必须关闭电源。

（2）接线完毕并检查无误后，合上电源开关，读取三个功率表的测量数据，并记录在表 1-7-1 中，与二表法的测量结果进行比较。

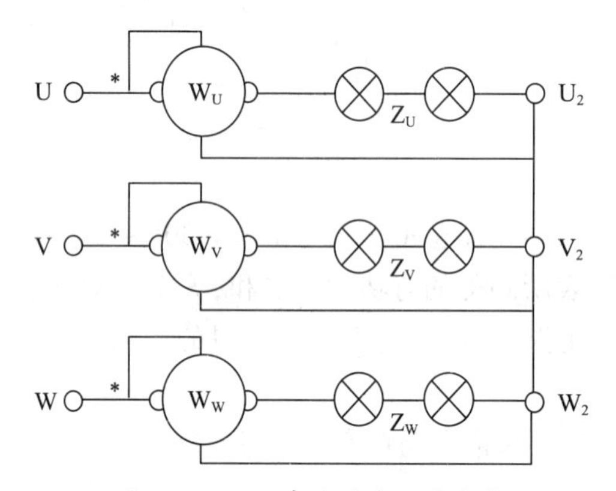

图 1-7-5　三表法功率测量接线

改变某一相负载的大小，例如在 W 相并联一组白炽灯，而使三相负载不对称。分别用二表法和三表法测量电路的有功功率，记录在表 1-7-1 中，并将两组测量结果进行比较。

表 1-7-1　三相负载有功功率的测量

	P_U(W)	P_V(W)	P_W(W)	P_1(W)	P_2(W)	P(W)
对称负载(二表法)						
对称负载(三表法)						
不对称负载(二表法)						
不对称负载(三表法)						

三、实验思考

（1）实验中如果将三相负载 Z_U、Z_V、Z_W 组成三角形联结，此时电路消耗的有功功率与原来三相负载星形联结时是否一样？

（2）在对称负载下，用二表法测量有功功率时，是否可以判断负载的性质（感性、容性或阻性)？为什么？

(3) 分析比较不同方法获得的测量结果。

(4) 自行设计测量无功功率的电路接线示意图,并进行理论与实验的验证。

第八节　一阶 RC 电路的暂态响应

一、实验任务

(1) 研究一阶 RC 电路在方波激励的情况下,电路暂态响应的基本规律和特点。

(2) 掌握积分电路和微分电路的基本概念、特点和功能。

(3) 了解电路参数变化对时间常数和电路功能的影响。

二、实验指导

暂态过程是由于物质所具有的能量不能跃变而造成的。在电路中,由于电路的接通、切断、短路、电压改变或参数改变等(统称为换路),使电路元件中的能量发生变化,这种变化也是不能跃变的。在电容元件中储有电能,当换路时,所储存的电能不能跃变,由于 $W_C=\frac{1}{2}CU_C^2$,反映出的现象就是在电容元件上的电压不能跃变。可见电路的暂态过程是由于储能元件的能量不能跃变而产生的。

零状态响应:指初始状态为零而输入不为零所产生的电路响应。

零输入响应:指输入为零而初始状态不为零所产生的电路响应。

全响应:指输入与初始状态均不为零所产生的电路响应。

1. 一阶 RC 电路的零状态响应

一阶 RC 电路零状态是换路前电容元件未储有电能、电容 C 两端的电压 $u_C(0_-)=0$。在此条件下,由电源激励所产生的电路的响应,称为零状态响应。一阶 RC 电路零状态响应如图 1-8-1 所示,在 $t=0$ 时合上开关 S,电路即与恒定电压为 U_s 的电压源接通,并对电容元件开始充电。电容元件两端的电压 u_C 是随着充电时间呈指数规律上升的,其数学表达式为

$$u_C(t)=U_s(1-e^{-\frac{t}{\tau}})$$

式中,τ 为电路的时间常数,$\tau=RC$。

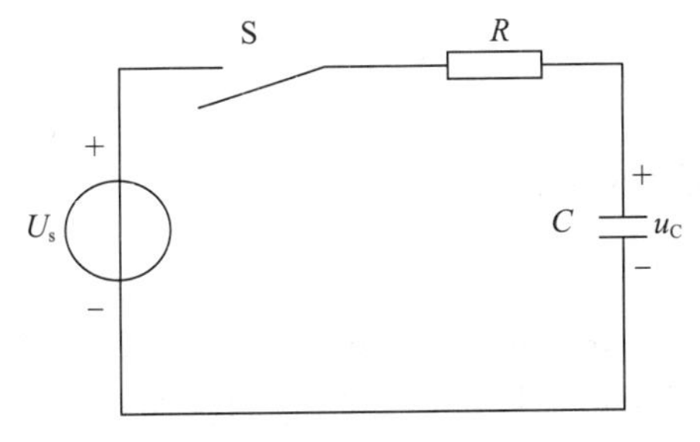

图 1-8-1　一阶 RC 电路零状态响应

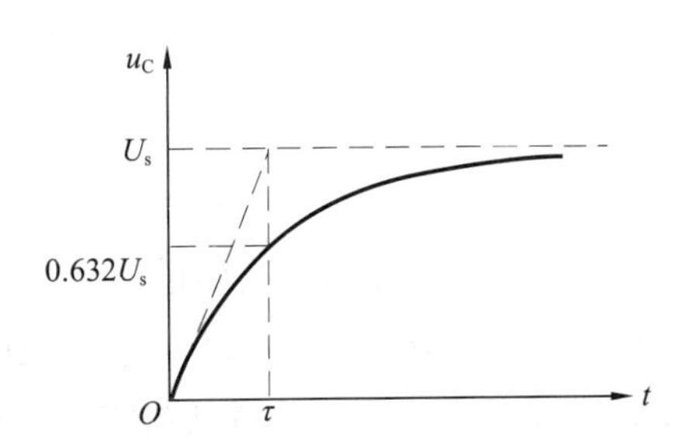

图 1-8-2　一阶 RC 电路零状态响应曲线

图 1-8-2 所示为一阶 RC 电路零状态响应曲线。当 $t=\tau$ 时，$u_C(t)$ 的波形中 $u_C=0.632U_s$，即充电电压上升到稳态值的 63.2%。当 $t=5\tau$ 时，$u_C=0.993U_s$，一般认为已上升到稳态值 U_s。

2. 一阶 RC 电路的零输入响应

一阶 RC 电路零输入是指无电源激励、输入信号为零。在此条件下，由电容元件的初始状态 $u_C(0_+)$ 所产生的电路的响应，称为零输入响应。一阶 RC 电路零输入响应如图 1-8-3 所示。若开关 S 原在位置“2”电路处于稳态，在 $t=0$ 时刻，开关由位置“2”切换到位置“1”，则电容 C 将通过电阻 R 放电，此时电容电压 u_C 是随着放电时间呈指数规律下降的，其数学表达式为

$$u_C(t)=U_s e^{-\frac{t}{\tau}}$$

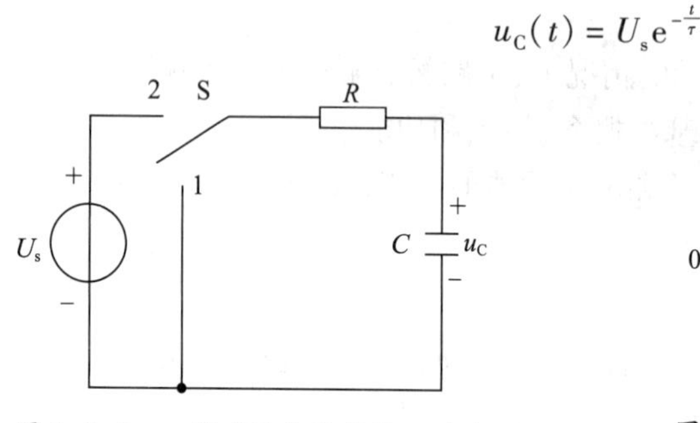

图 1-8-3　一阶 RC 电路零输入响应

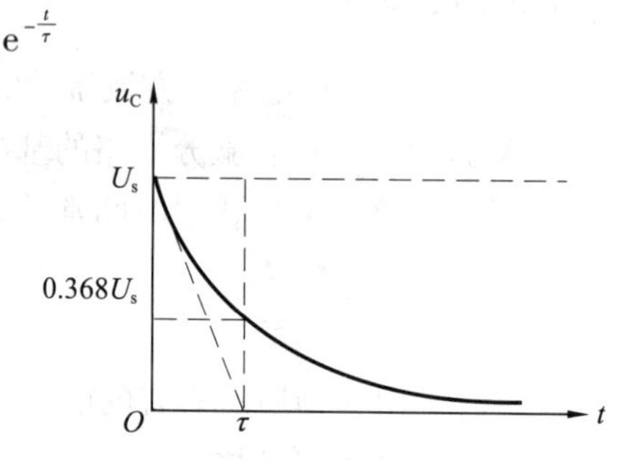

图 1-8-4　一阶 RC 电路零输入响应曲线

图 1-8-4 所示为一阶 RC 电路零输入响应曲线。当 $t=\tau$ 时，$u_C=0.368U_s$，即下降到初始值的 36.8%。

3. 方波响应

由于电路的暂态过程非常短暂，为了用普通示波器观察电路的过渡过程并测量电路的时间常数，常采用周期性矩形脉冲电压信号作为电路的激励信号，如图 1-8-5a 所示。

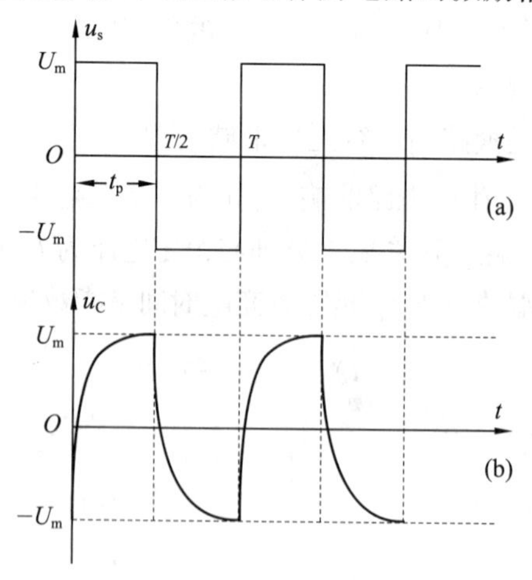

图 1-8-5　一阶电路方波输入响应曲线

当将此信号加在电压初始值为零的 RC 串联电路上，实质就是电容连续充、放电的暂态过程。其响应究竟是零状态响应、零输入响应或是全响应，将与电路的时间常数和脉冲宽度 t_p 的相对大小有关。当电路的时间常数相对于矩形脉冲电压信号的脉冲宽度要小得多（$t_p \geqslant 5\tau$）时，电容电压在方波信号的半个周期内基本上达到稳态，则可以看作阶跃激

励下的全响应,如图 1-8-5b 所示。

4. 积分电路

如图 1-8-6 所示电路,如果电路时间常数相对于输入矩形脉冲电压信号的脉冲宽度要大得多($\tau \gg t_p$),则电容两端的输出电压 u_C 将与输入脉冲电压 u_s 的积分成比例,此时电路就成为积分电路,并在电容两端输出一个锯齿波电压。时间常数 τ 越大,充放电过程越缓慢,所得锯齿波电压的线性也就越好。

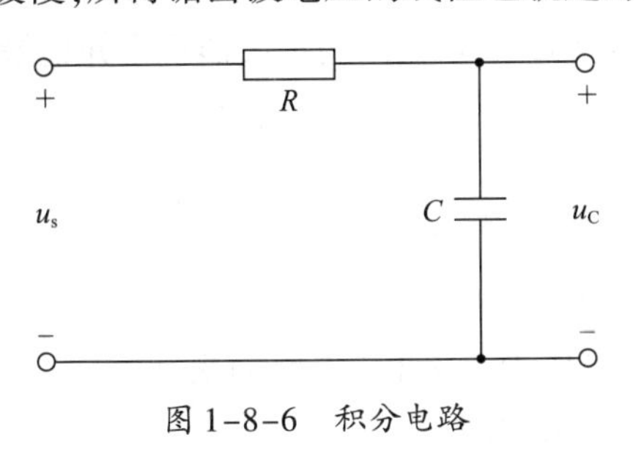

图 1-8-6　积分电路

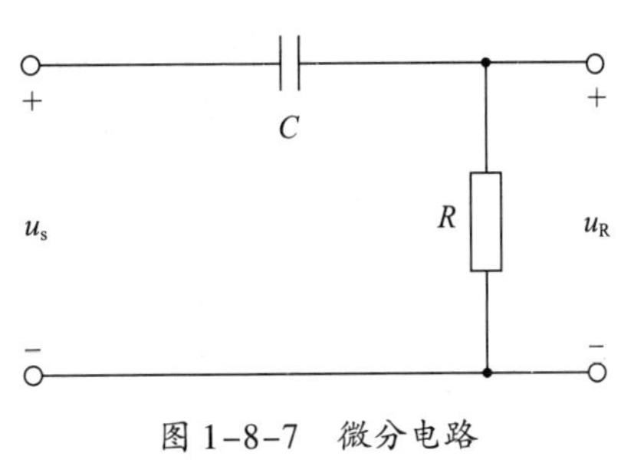

图 1-8-7　微分电路

5. 微分电路

如果将图 1-8-6 所示积分电路中的电阻和电容位置交换,则得到图 1-8-7 所示电路,选择适当的电路参数,该电路可以成为微分电路。

当电路的时间常数与输入的矩形脉冲电压信号的脉冲宽度满足 $\tau \ll t_p$,电阻两端的输出电压 u_R 与输入脉冲电压 u_s 的微分成比例,电阻两端输出电压的波形为尖脉冲。这种输出尖脉冲反映了输入矩形脉冲的跃变部分,因此该电路就称为微分电路。

图 1-8-8 所示为积分电路的激励与响应,图 1-8-9 所示为微分电路的激励与响应。

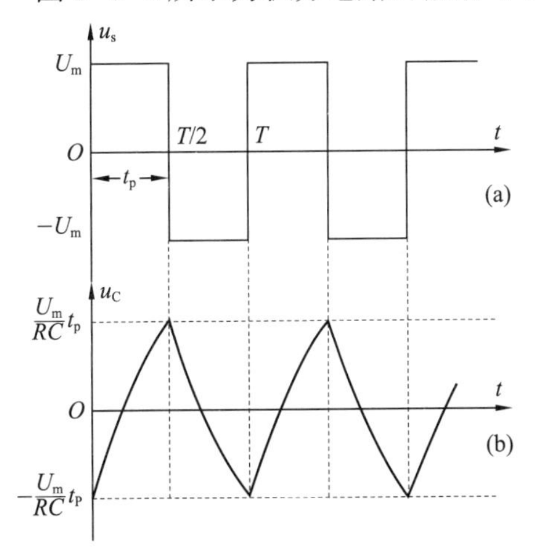

图 1-8-8　积分电路的激励与响应

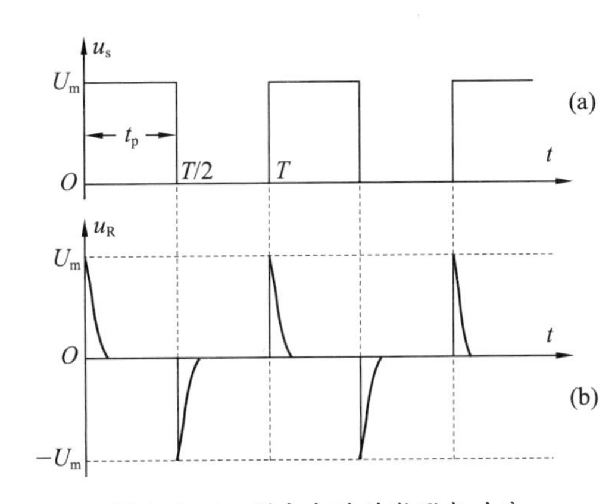

图 1-8-9　微分电路的激励与响应

6. 积分电路与微分电路测量

1）观察一阶 RC 电路的充放电过程　按图 1-8-6 所示的积分电路接线,输入信号 u_s 为信号发生器的输出端信号。取 u_s 为峰-峰值大小等于 3～10V、频率等于 1kHz 的方波。根据所选取的 R 与 C 的参数,用双踪示波器同时观察并记录 u_s 和 u_C 的波形,同时测出电路的时间常数 τ,并与理论值进行比较。

保持电阻不变,逐步增加电容容量,分别观察并记录 u_C 的波形,理解电路参数变化对电路功能的影响。

2）积分电路测量　把图 1-8-6 所示的积分电路中的电路参数改变为 $R=20\text{k}\Omega$ 并保持不变，电容 C 的大小分别取 0. 47μF、1μF、2. 2μF，用示波器观察并记录 u_C 的波形，理解电路参数变化对电路功能的影响。

3）微分电路测量　按图 1-8-7 所示的微分电路接线，输入信号 u_s 不变，取 $R=2\text{k}\Omega$，$C=0.01\mu\text{F}$。用双踪示波器同时观察并记录 u_s 和 u_R 的波形，理解微分电路的功能。

保持电阻大小不变，将电容 C 的大小改为 0. 047μF、0. 47μF，用示波器观察并记录 u_R 的波形，理解电路参数变化对电路功能的影响。

三、实验思考

（1）区分一阶电路的零状态响应、零输入响应及全响应。

（2）怎样的电路称为一阶电路？怎样的信号可作为一阶 RC 电路的激励信号？

（3）什么是积分电路和微分电路？它们各有什么作用？

（4）为什么信号发生器和示波器要共地？

（5）根据实验观测结果，用坐标纸绘制一阶 RC 电路充放电时 u_C 的变化曲线。

（6）根据实验观测结果，描绘积分电路、微分电路的输出电压波形，总结电路的构成条件和各自的功能。

实验名称__________________________________

学院____________________班级_______________专业_______________

姓名____________同组者姓名___________实验时间__________成绩____

第二章　电路基础实验仿真

第一节　Proteus 简介

一、Proteus ISIS 编辑环境简介

运行 Proteus ISIS 的执行文件后，进入 Proteus ISIS 编辑环境，如图 2-1-1 所示。

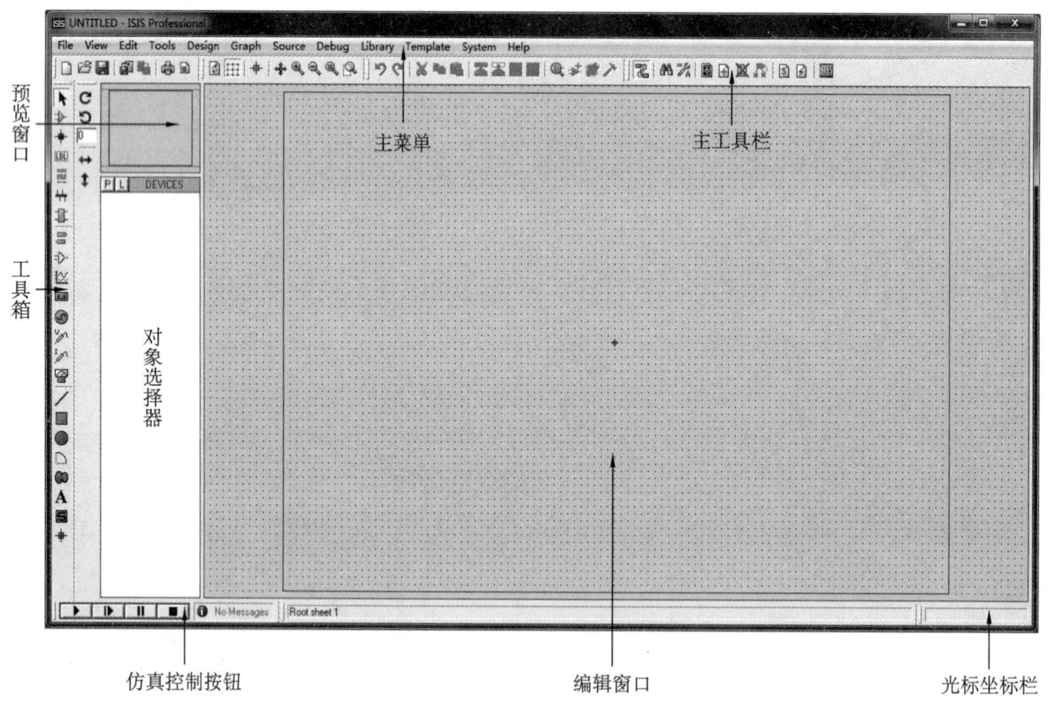

图 2-1-1　Proteus ISIS 编辑环境

1. Proteus ISIS 各窗口

点状栅格区域为编辑窗口，左上方为预览窗口，左下方为对象选择器。编辑窗口用于放置元器件，进行连线和绘制原理图。预览窗口可以显示全部原理图。在预览窗口中有两个框，蓝色框表示当前页的边界，绿色框表示当前编辑窗口显示的区域。当从对象选择器中选中一个新的对象时，预览窗口可以预览选中的对象。

2. 工具箱

选择相应的工具箱图标按钮,系统将提供不同的操作工具。对象选择器根据选择不同的工具箱图标按钮决定当前状态显示的内容。显示对象的类型包括元器件、终端、引脚、图像符号、标注和图表等。工具箱中各图标按钮对应的操作如下。

(1) Selection Mode 按钮:选择模式。

(2) Component Mode 按钮:拾取元器件。

(3) Junction Dot Mode 按钮:放置结点。

(4) Wire Label Mode 按钮:标注线段或网络名。

(5) Text Script Mode 按钮:输入文本。

(6) Buses Mode 按钮:绘制总线。

(7) Subcircuit Mode 按钮:绘制子电路块。

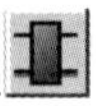

(8) Terminals Mode 按钮:在对象选择器中列出各种终端(输入、输出、电源和地等)。

(9) Graph Mode 按钮:在对象选择器中列出各种仿真分析所需的图表(如模拟图表、数字图表、混合图表和噪声图表)。

(10) Generator Mode 按钮:在对象选择器中列出各种激励源(如正弦激励源、脉冲激励源、指数激励源和 FILE 激励源等)。

(11) Voltage Probe Mode 按钮:可在原理图中添加电压探针。电路进行仿真可显示各探针处的电压值。

(12) Current Probe Mode 按钮:可在原理图中添加电流探针。电路进行仿真可显示各探针处的电流值。

(13) Virtual Instruments Mode 按钮:在对象选择器中列出各种虚拟仪器(如示波器、逻辑分析仪、定时器、定时/计数器和模式发生器等)。

(14) Rotate Clockwise 按钮:顺时针方向旋转按钮,以 90°偏置改变元器件的放置方向。

(15) Rotate Anti-Clockwise 按钮:逆时针方向旋转按钮,以 180°偏置改变元器件的放置方向。

(16) X-Mirror 按钮:水平镜像旋转按钮,以 Y 轴为对称轴,按 180°偏置旋转元器件。

(17) Y-Mirror 按钮:水平镜像旋转按钮,以 X 轴为对称轴,按 180°偏置旋转元器件。

3. 主菜单

Proteus ISIS 的主菜单栏包括 File(文件)、View(视图)、Edit(编辑)、Tools(工具)、Design(设计)、Graph(图形)、Source(源)、Debug(调试)、Library(库)、Template(模板)、System(系统)和 Help(帮助)。单击任一菜单后,都将弹出其子菜单项。

(1) File(文件)菜单:包括常用的文件功能,如新建设计、打开设计、保存设计、导入/导出文件,也可打印、显示设计文档,以及退出 Proteus ISIS 系统等。

(2) View(视图)菜单:包括是否显示网格、设置格点间距、缩放电路图及显示与隐藏各种工具栏等。

(3) Edit(编辑)菜单:包括撤销/恢复操作、查找与编辑元器件、剪切、复制、粘贴对象以及设置多个对象的层叠关系。

(4) Tools(工具)菜单:包括实时注解、自动布线、查找并标记、属性分配工具、全局注解、导入文本数据、元器件清单、电气规则检测、编译网络标号、编译模型、将网络标号导入 PCB 以及从 PCB 返回原理图设计等工具栏。

(5) Design(设计)菜单:具有编辑设计属性、编辑原理图属性、编辑设计说明、配置电源、新建/删除原理图、在层次原理图中总图与子图以及各子图之间互相跳转和设计目录管理功能。

(6) Graph(图形)菜单:具有编辑仿真图形、添加仿真曲线、仿真图形、查看日志、导出数据、清除数据和一致性分析等功能。

(7) Source(源)菜单:具有添加/删除源文件、定义代码生成工具、设置外部文本编辑器和编译等功能。

(8) Debug(调试)菜单:包括启动调试、执行调试、单步运行、断点设置和重新排布弹出窗口等功能。

(9) Library(库)菜单:具有选择元器件及符号、制作元器件及符号、设置封装工具、分解元件、编译库、自动放置库、校验封装和调用库管理器等功能。

(10) Template(模板)菜单:包括设置图形格式、文本格式、设计颜色以及连接点和图形等。

(11) System(系统)菜单:包括设置系统环境、路径、图纸尺寸、标注字体、热键以及仿真参数和模式等。

(12) Help(帮助)菜单:包括版权信息、Proteus ISIS 学习教程和示例等。

4. 主工具栏

Proteus ISIS 的主工具栏位于主菜单下面,以图标形式给出。主工具栏中每一个按钮,都对应一个具体的菜单命令,主要是为了快捷而方便地使用命令。

(1) 新建设计。

(2) 打开设计。

(3) 保存设计。

(4) 刷新。

(5) 栅格开关。

(6) 选择显示中心。

(7) 放大。

(8) 缩小。

(9) 显示全部。

(10) 缩放一个区域。

(11) 撤销。

(12) 恢复。

二、一阶电路的仿真及操作步骤

1. 选用器件

实验仿真元件及其对应名称见表 2-1-1。

表 2-1-1　实验仿真元件及其对应名称

元件名	类	子　类	备　　注	参　数
CAPACITOR	Capacitors	Animated	电容,动态显示电荷	1000μF
RES	Resistors	Generic	电阻	1kΩ,100Ω
LAMP	Optoelectronics	Lamps	灯泡,显示灯丝烧断	12V
SW-SPDT	Switches and Relay	Switches	单刀双掷开关,可单击操作	
BATTERY	Simulator Primitives	Sources	电池	12V

2. 元件拾取

打开 ISIS 7 Proteus 应用程序,编辑界面如图 2-1-2 所示。

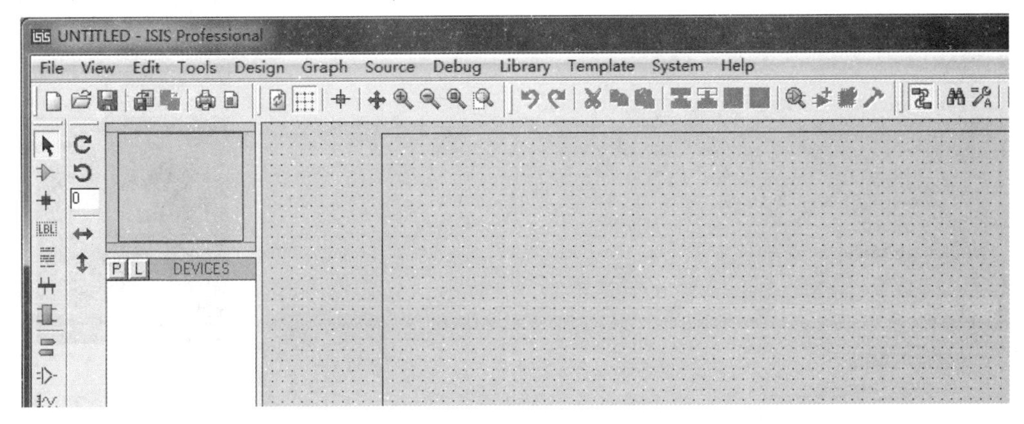

图 2-1-2　编辑界面

单击编辑界面左侧预览窗口下面的“P”按钮,弹出“Pick Devices”(元件拾取)对话框,如图 2-1-3 所示。

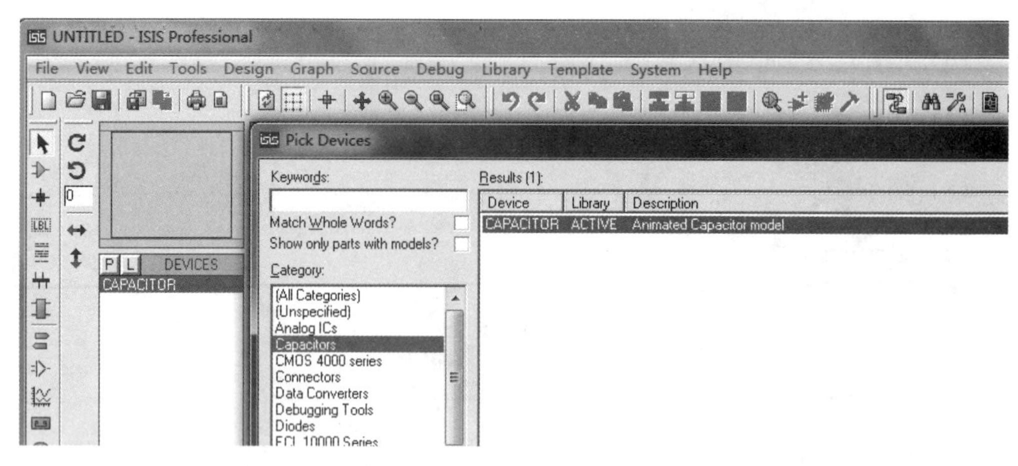

图 2-1-3　“Pick Devices”(元件拾取)对话框

元件拾取有以下两种办法：

1）按类别查找和拾取元件　元件通常以英文名称或器件代号存放在库中。选取元件时，首先要知道它属于哪一大类，其次要知道它属于哪一子类，然后再在子类列出的元件中逐个查找。根据元件符号、参数来判断是否找到了所需要的元件。双击要找的元件，该元件便拾取到编辑界面中了。

拾取表中电容“Capacitors”，在“Pick Devices”(元件拾取)对话框中，在“Category”(类)中选中“Capacitors”电容类，在左下方的“Sub-category”子类中选中“Animated”，可动画演示。

查询结果知道，元件列表中只有一个元件，即要找的“CAPACITOR”，双击后便可把该元件拾取到编辑界面中。分类拾取元件示意如图 2-1-4 所示。

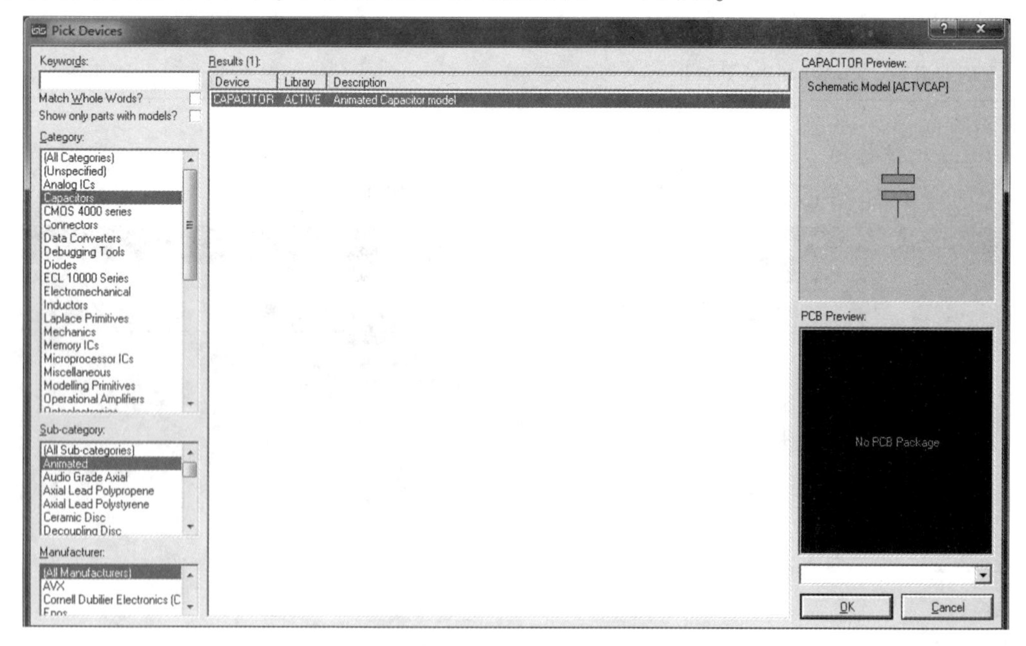

图 2-1-4　分类拾取元件示意

2）直接查找和拾取元件　如图 2-1-5 所示，把元件名的全称或部分输入到“Pick Devices”(元件拾取)对话框中“Keywords”一栏，在其下方选中“Match Whole Words?”，在

“Results”(查找结果)中选出需要的电容。双击该电容,便可把该元件拾取到编辑界面中。

Device	Library	Stock Code	Description
AVX1210X7R470N	CAPACITORS	Farnell 540-493	470nF, 50V nickel barrier SMT ceramic
AX1000U16V	CAPACITORS	Maplin VN65V	1000u 16V High Temp. Axial Electrolytic
AX100U25V	CAPACITORS	Maplin VN60Q	100u 25V High Temp. Axial Electrolytic
AX22U50V	CAPACITORS	Maplin VN58N	22u 50V High Temp. Axial Electrolytic C
AX47U16V	CAPACITORS	Maplin VN59P	47u 16V High Temp. Axial Electrolytic C
CAP	DEVICE		Generic non-electrolytic capacitor
CAP-ELEC	DEVICE		Generic electrolytic capacitor
CAP-POL	DEVICE		Polarized capacitor (polarized)
CAP-PRE	DEVICE		Preset capacitor (trimmer)
CAP-VAR	DEVICE		Variable capacitor
CAPACITOR	ASIMMDLS		Capacitor primitive
CAPACITOR	ACTIVE		Animated Capacitor model
CC0805JRNP00BN331	CAPIPC7351	Digikey 0805CG331J0B200-ND	CAPACITOR
CERAMIC100P	CAPACITORS	Maplin WX56L	100p Ceramic Capacitor
CERAMIC10N	CAPACITORS	Maplin WX77J	10n Ceramic Capacitor
CERAMIC10P	CAPACITORS	Maplin WX44X	10p Ceramic Capacitor
CERAMIC120P	CAPACITORS	Maplin WX57M	120p Ceramic Capacitor
CERAMIC12P	CAPACITORS	Maplin WX45Y	12p Ceramic Capacitor
CERAMIC150P	CAPACITORS	Maplin WX58N	150p Ceramic Capacitor
CERAMIC15P	CAPACITORS	Maplin WX46A	15p Ceramic Capacitor
CERAMIC180P	CAPACITORS	Maplin WX59P	180p Ceramic Capacitor
CERAMIC18P	CAPACITORS	Maplin WX47B	18p Ceramic Capacitor
CERAMIC1N	CAPACITORS	Maplin WX68y	1n Ceramic Capacitor
CERAMIC1N5	CAPACITORS	Maplin WX70M	1n5 Ceramic Capacitor
CERAMIC1N8	CAPACITORS	Maplin WX71N	1n8 Ceramic Capacitor
CERAMIC1P8	CAPACITORS	Maplin WX35Q	1p8 Ceramic Capacitor
CERAMIC220P	CAPACITORS	Maplin WX60Q	220p Ceramic Capacitor
CERAMIC22N	CAPACITORS	Maplin WX78K	22n Ceramic Capacitor
CERAMIC22P	CAPACITORS	Maplin WX48C	22p Ceramic Capacitor
CERAMIC270P	CAPACITORS	Maplin WX61R	270p Ceramic Capacitor
CERAMIC27P	CAPACITORS	Maplin WX49D	27p Ceramic Capacitor
CERAMIC2N2	CAPACITORS	Maplin WX72P	2n2 Ceramic Capacitor
CERAMIC2N7	CAPACITORS	Maplin WX73Q	2n7 Ceramic Capacitor
CERAMIC330P	CAPACITORS	Maplin WX62S	330p Ceramic Capacitor
CERAMIC33P	CAPACITORS	Maplin WX50E	33p Ceramic Capacitor

图 2-1-5　直接拾取元件示意

用上面介绍的方法,把实验仿真元件及其对应名称表 2-1-1 中列出的 5 个元件,都拾取到编辑界面的对象选择器中,然后关闭元件拾取对话框。元件拾取后的界面如图 2-1-6 所示。

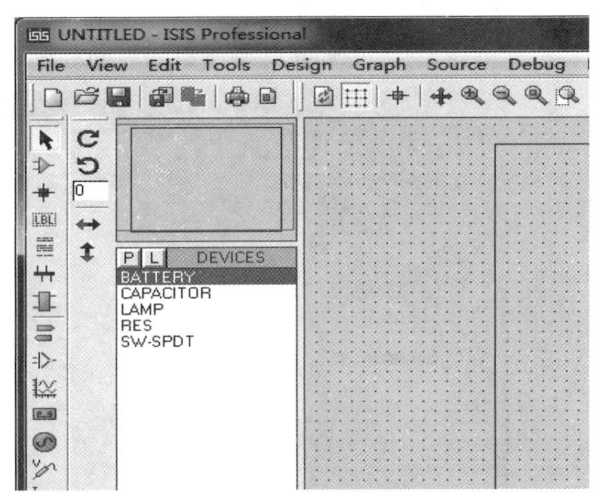

图 2-1-6　元件拾取后的界面

把元件从对象选择器中放置到图形编辑区中。单击对象选择器中的某一元件,把鼠标移动到编辑区,单击鼠标左键,此时鼠标指针变为所选取元件的形状,选择合适的位置,再次单击鼠标左键,此时元件即放到了编辑区。元件放置后的界面如图 2-1-7 所示。

3. 元件的位置调整和参数修改

在编辑区的元件上单击鼠标左键选中元件(为红色),鼠标放到该元件上按住鼠标左键不放,拖动鼠标到合适位置松开鼠标左键即可改变元件位置。

在编辑区的元件上单击鼠标左键选中元件(为红色),鼠标移到其他位置单击鼠标左键,即取消选择。

在编辑区的元件上单击鼠标左键选中元件(为红色),鼠标放到该元件上继续单击鼠

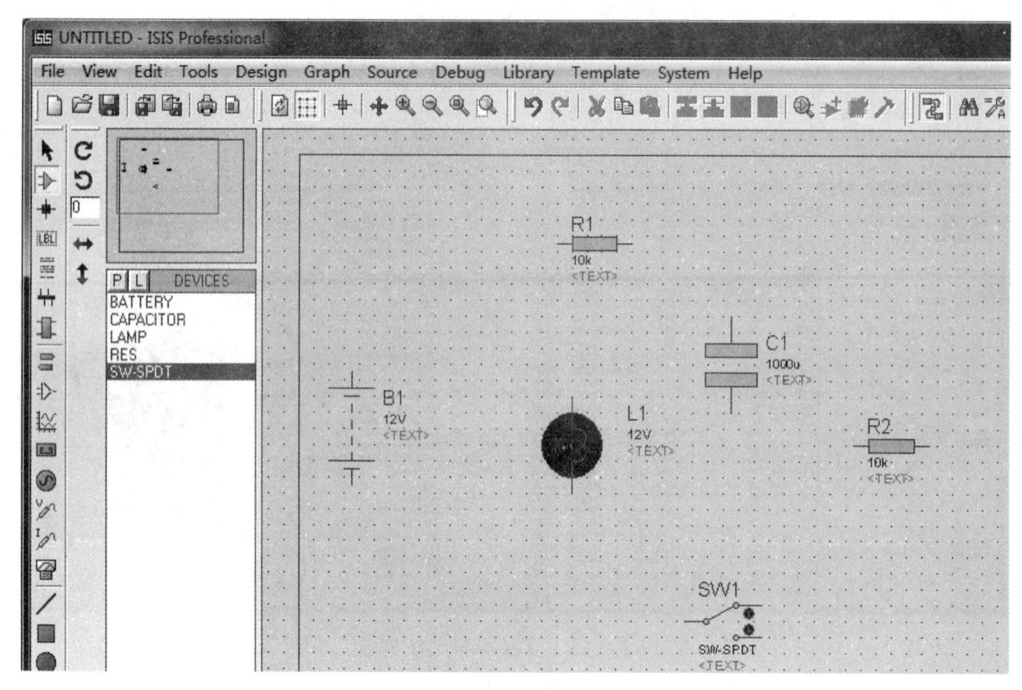

图 2-1-7　元件放置后的界面

标右键，即可弹出快捷操作键，可以改变元件的位置、编辑属性、删除元件、改变元件的方向和对称性。元件的快捷操作如图 2-1-8 所示。

按上述方法合理调整元件位置后，得到元件调整后的界面如图 2-1-9 所示。

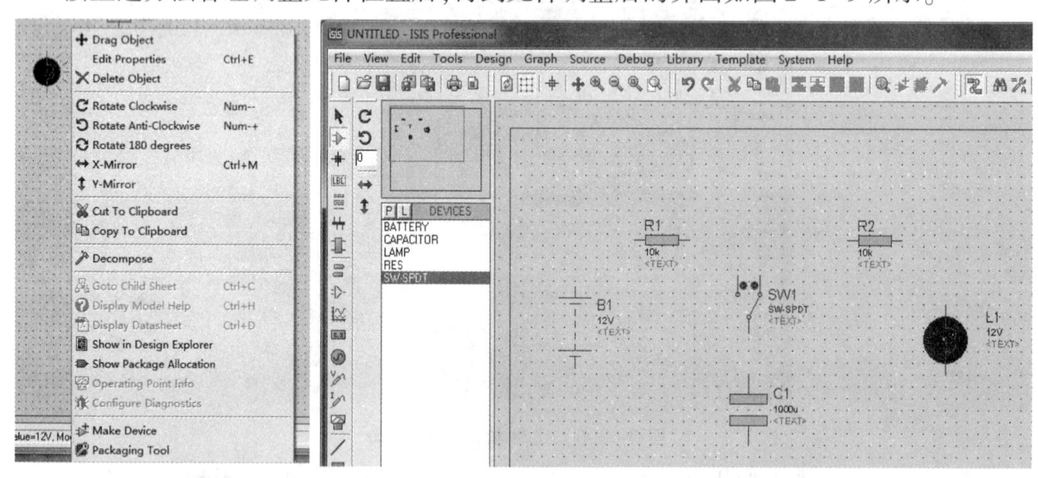

图 2-1-8　元件的快捷操作　　　　图 2-1-9　元件调整后的界面

在编辑区的元件上单击鼠标左键选中元件（为红色），鼠标放到该元件上再单击鼠标左键，即打开元件属性设置对话框，可以改变元件的属性。图 2-1-10 所示是改变 R1 的阻值为 1kΩ；图 2-1-11 所示是改变 R2 的阻值为 100Ω。

4. 电路连线

Proteus 软件中电路的连线是非常智能的，它会判断下一步的操作是否想要连线，并自动连线。不需要选择连线的操作，只需用鼠标左键单击编辑区元件（该元件不能在选中的状态下，即不为红色）的一个端点拖动到要连接的另一个元件的端点，再次单击即完

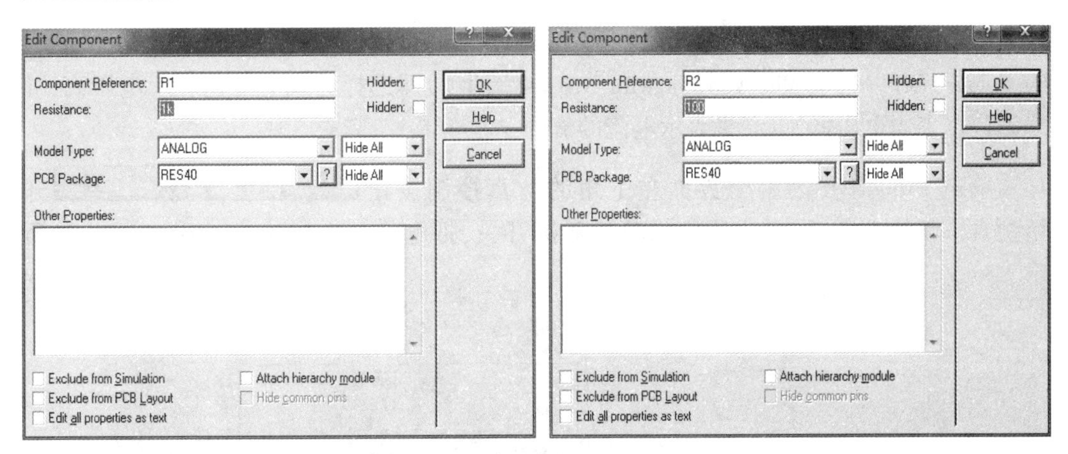

图 2-1-10　改变 R1 的阻值为 1kΩ　　　　图 2-1-11　改变 R2 的阻值为 100Ω

成一次连线。要删除某一根连线,右键双击连线即可。完成的仿真电路如图 2-1-12 所示。

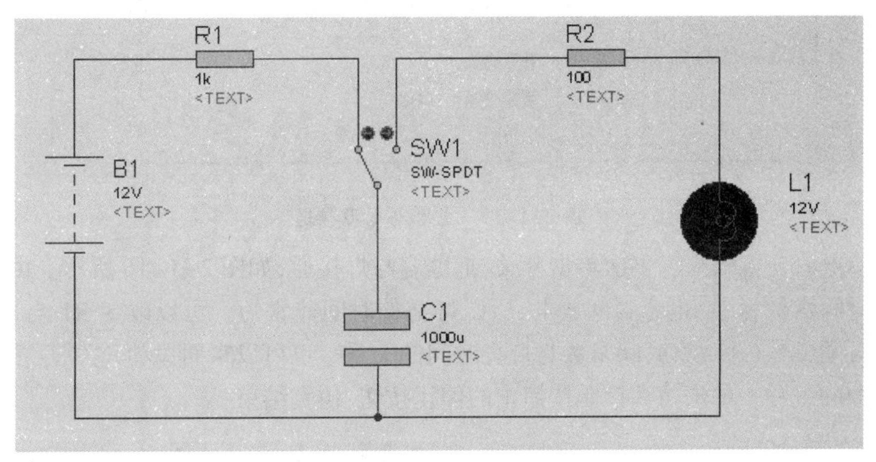

图 2-1-12　完成的仿真电路

5. 仿真结果

在主菜单“System”→“Set Animation Options”中,设置动态仿真时电压、电流的颜色和方向,System 菜单如图 2-1-13 所示。

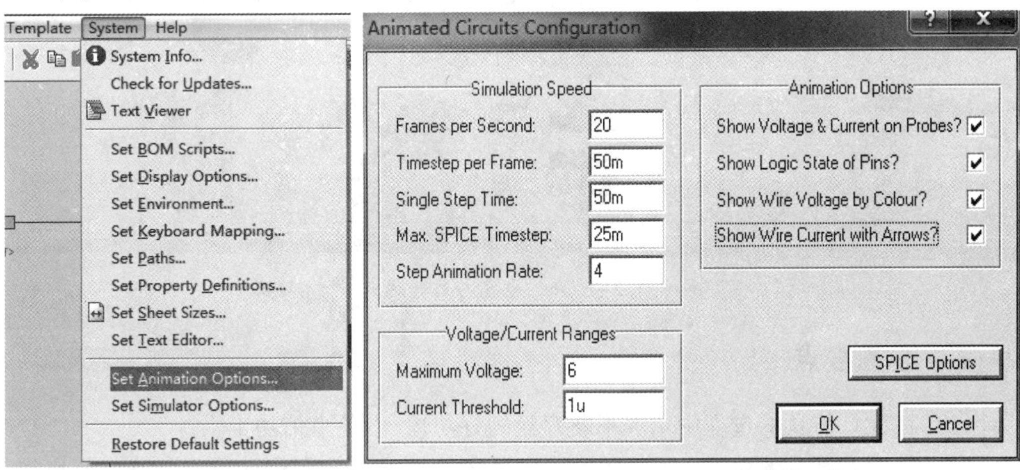

图 2-1-13　System 菜单　　　　图 2-1-14　System 菜单对话框

System 菜单对话框如图 2-1-14 所示。在打开的对话框中，选中“Show Wire Voltage by Colour?”和“Show Wire Current with Arrows?”两项，即选择导线为红色表示电压高；导线为蓝色表示电压低，以箭头表示电流的流向。

单击 Proteus ISIS 编辑界面左下角的仿真控制按钮 ▶ ▮▶ ▮▮ ■ 开始仿真。仿真开始后，单击图中的单刀双掷开关，把电容与电源接通，如图 2-1-15 所示。

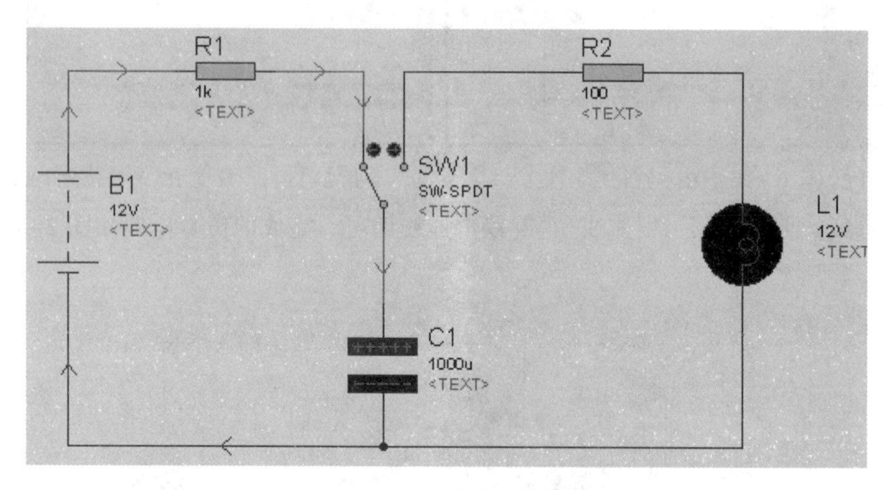

图 2-1-15　电容与电源接通

显示电容充电效果。再次单击开关，把电容与灯接通，如图 2-1-16 所示。由于设置的充电时间常数为 1s，电容瞬间放电，所以灯亮的时间非常短。可以改变 R1 与 C1 的值来调整时间常数，并观察时间常数与灯亮时间的关系。也可以来回拨动开关，反复观察电容充放电的过程。单击仿真控制按钮中的停止按钮，仿真结束。

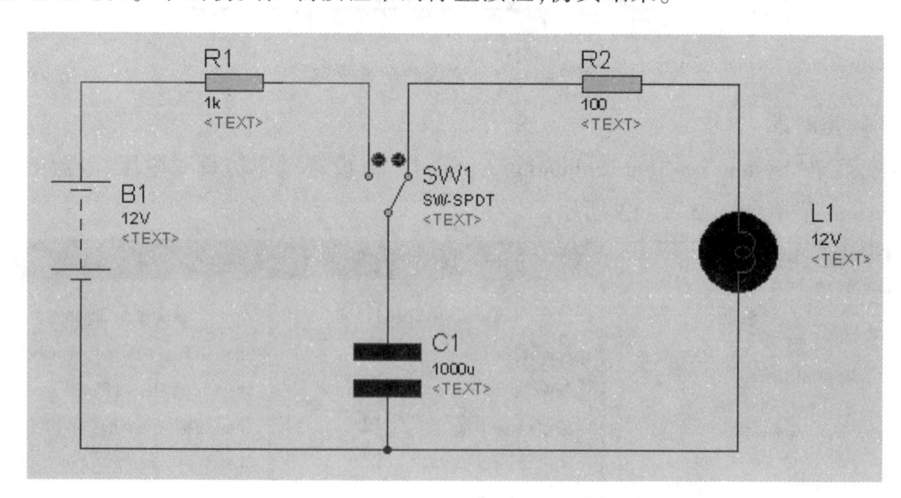

图 2-1-16　电容与灯接通

三、仿真要点

（1）在设计仿真的过程中培养不断存盘的好习惯，以免事倍功半。

（2）只要对基本的电子电路理论有一定的了解以及一定程度的电子电路实践经验，

就能将仿真的输出结果与使用电子仪器观测到的结果相印证。

(3) 在后面的仿真实验中,对于使用到的电路电子理论有一个简单的复习性介绍,有利于读者探讨电子电路仿真的观念与实际操作。

第二节　叠加定理的研究

一、实验任务

研究线性电路的叠加定理。

二、选用器件

实验仿真元件及其对应名称见表 2-2-1。

表 2-2-1　实验仿真元件及其对应名称

实验仿真元件	元 件 名 称
直流电压源	VSOURCE
开关	SW-SPST
电阻	RES
直流电流表	DC AMMETER

三、叠加定理

对于线性电路,任何一条支路中的电流,都可以看成是由电路中各个电源(电压源或电流源)分别作用时,在此支路中所产生的电流的代数和,这就是叠加定理。它不仅可以用来计算复杂电路,也是分析与计算线性问题的基本原理。

用叠加定理计算复杂电路,就是把一个多电源的复杂电路化为几个单电源电路来进行计算。所谓电路中只有一个电源单独作用,就是假设将其余电源均去除,即将各个理想电压源短接,即其电动势为零;将各个理想电流源开路,即其电流为零,但它们的内阻(如果给出的话)仍应计及。

叠加定理就是数学上线性方程的可加性,但功率的计算不适用叠加定理。

四、构建仿真电路

验证叠加定理的仿真电路如图 2-2-1 所示。

(1) 点击拾取元器件的按钮,单击按钮,输入所需的元件名或型号,并将各元件拖动至编辑窗口,放置元器件后的界面如图 2-2-2 所示。

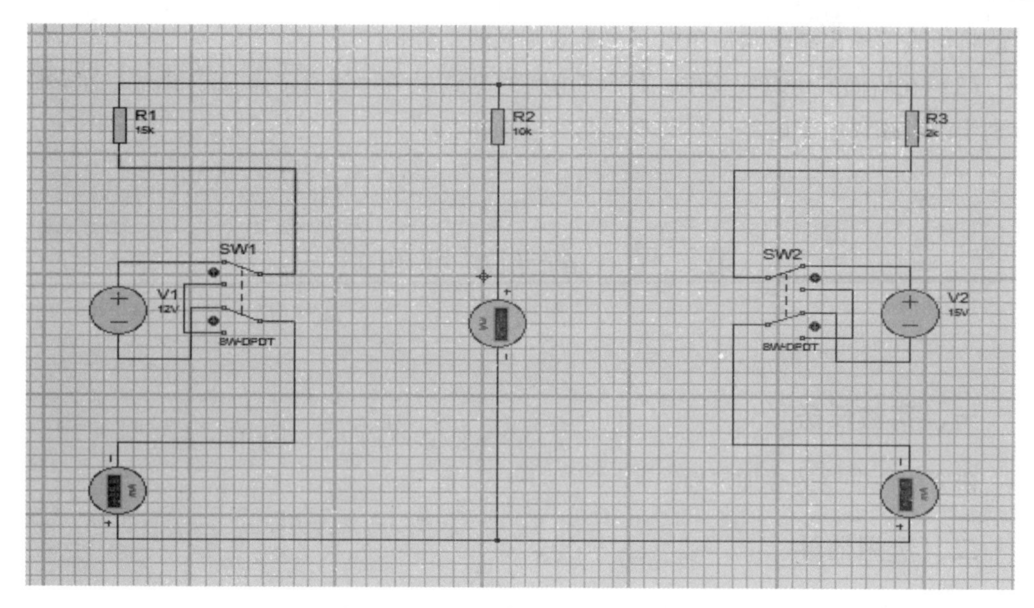

图 2-2-1　验证叠加定理的仿真电路

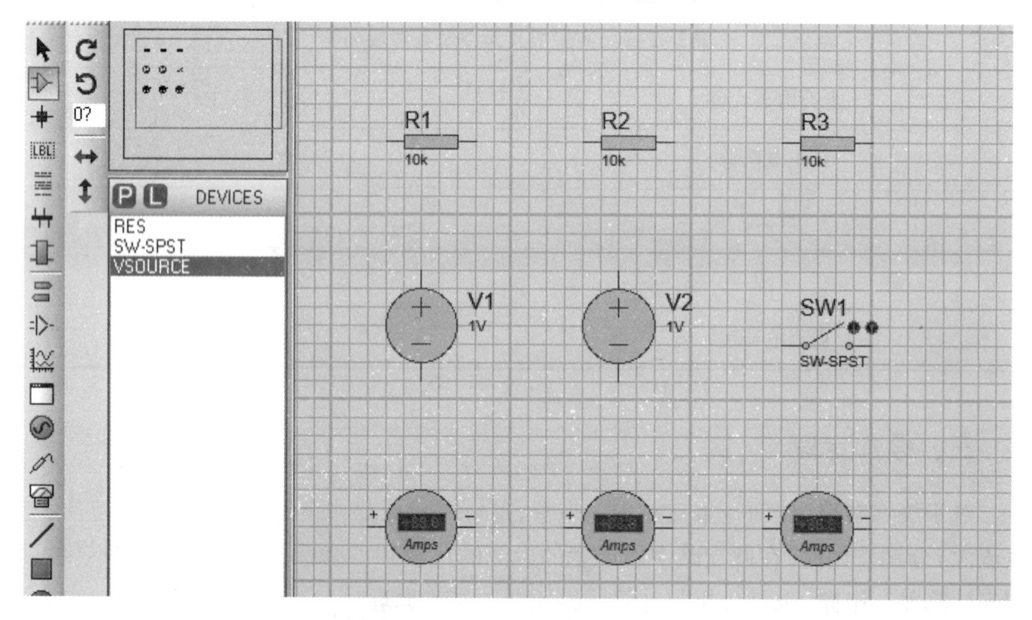

图 2-2-2　放置元器件后的界面

（2）点击虚拟仪器按钮，选择直流电流表，如图 2-2-3 所示。

（3）用导线将各个元器件及测量仪表按照仿真电路图连接起来。

（4）双击或右键单击元件，选择“Edit Properties”（编辑属性）选项，修改所需元件的参数。

（5）点击编辑界面左下角的仿真运行按钮，仿真电路开始运行。

（6）按照仿真电路点击双刀双掷开关，关断电路中的某个电源，记录并观察电流表读数的变化。注意：要将电流表默认的量程调整到毫安级，进入电流表的“Edit Component”（编辑电子元件）中的“Display Range”（显示量程），选择“Milliamps”（毫安）挡级。

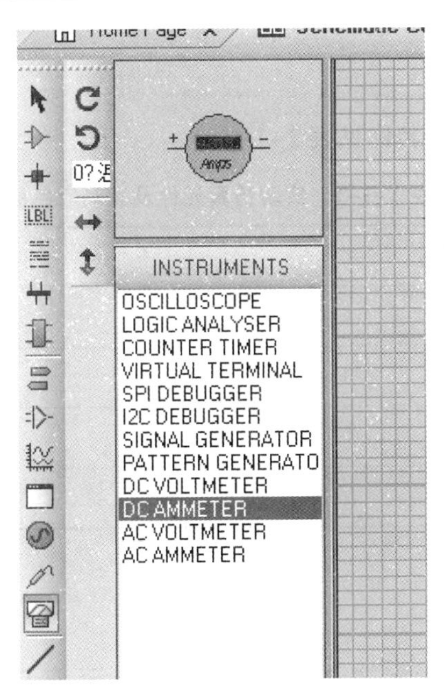

图 2-2-3　选择虚拟仪器

五、仿真结果

将仿真数据填入表 2-2-2 中,并与理论值比较,验证叠加定理。

表 2-2-2　验证叠加定理的仿真数据

被测电流(mA)	I_1	I_2	I_3
E_1 单独作用			
E_2 单独作用			
E_1、E_2 共同作用			

六、仿真要点

(1) 叠加定理只适用于线性电路,在验证定理时,应注意选取线性元件。

(2) 注意双刀双掷开关的连接方式和连接方向。

(3) 当两个直流电压源共同作用或只有某一个直流电压源作用时,观察并记录三只电流表的读数,并验证叠加定理。

(4) 在设计仿真的过程中培养不断存盘的好习惯,以免事倍功半。

第三节　基尔霍夫定律的研究

一、实验任务

研究和验证电路的基尔霍夫定律。

二、选用器件

实验仿真元件及其对应名称见表 2-3-1。

表 2-3-1　实验仿真元件及其对应名称

实验仿真元件	元 件 名 称
直流电压源	BATTERY
开关	SW-SPST
电阻	RES
直流电流表	DC AMMETER

三、基尔霍夫定律

分析与计算电路的基本定律，除了欧姆定律外，还有基尔霍夫电流定律和基尔霍夫电压定律。基尔霍夫电流定律应用于结点，用来确定连接在同一结点上的各支路电流之间的关系。基尔霍夫电压定律应用于回路，用来确定回路中各段电压之间的关系。

基尔霍夫电流定律指出：在任一瞬时，流向某一结点的电流之和，应该等于由该结点流出的电流之和。基尔霍夫电压定律指出：在任一瞬时，沿任一闭合回路的循行方向，回路中各段电压的代数和恒等于零。基尔霍夫电压定律不仅适用于闭合回路，也可以推广应用于回路的部分电路。

基尔霍夫两个定律具有普遍性，适用于由各种不同元件所构成的电路，也适用于任一瞬时变化的电流和电压。

四、构建仿真电路

验证基尔霍夫定律的仿真电路如图 2-3-1 所示。

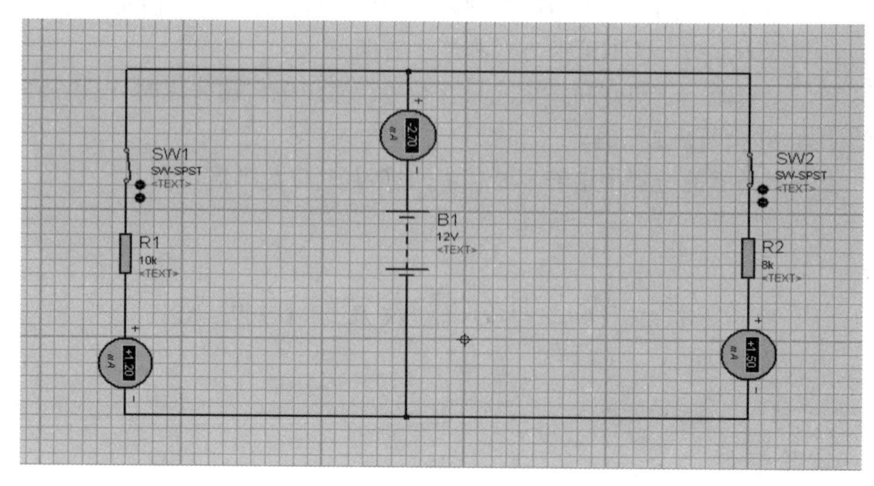

(a) 验证基尔霍夫电流定律的仿真电路

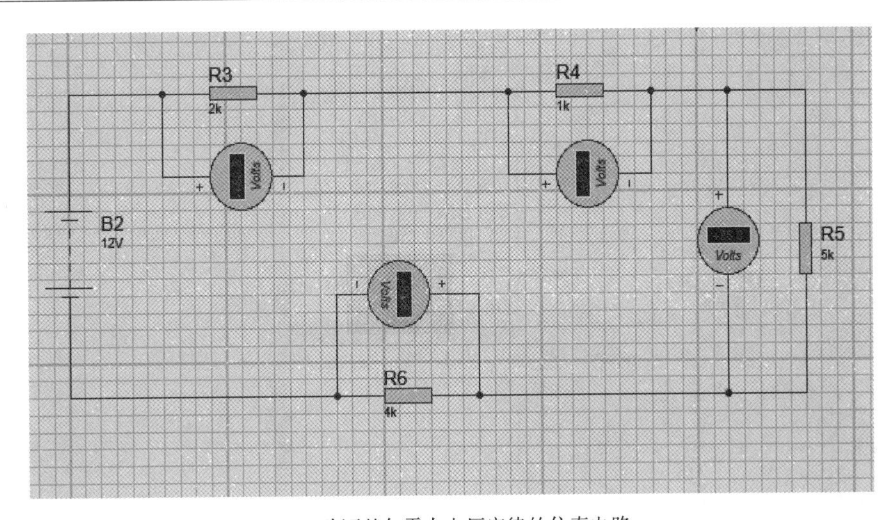

（b）验证基尔霍夫电压定律的仿真电路

图 2-3-1　验证基尔霍夫定律的仿真电路

（1）点击拾取元器件的按钮，单击按钮P，输入所需的元件名或型号，并将各元件拖动至编辑窗口，放置元器件后的界面如图 2-3-2 所示。

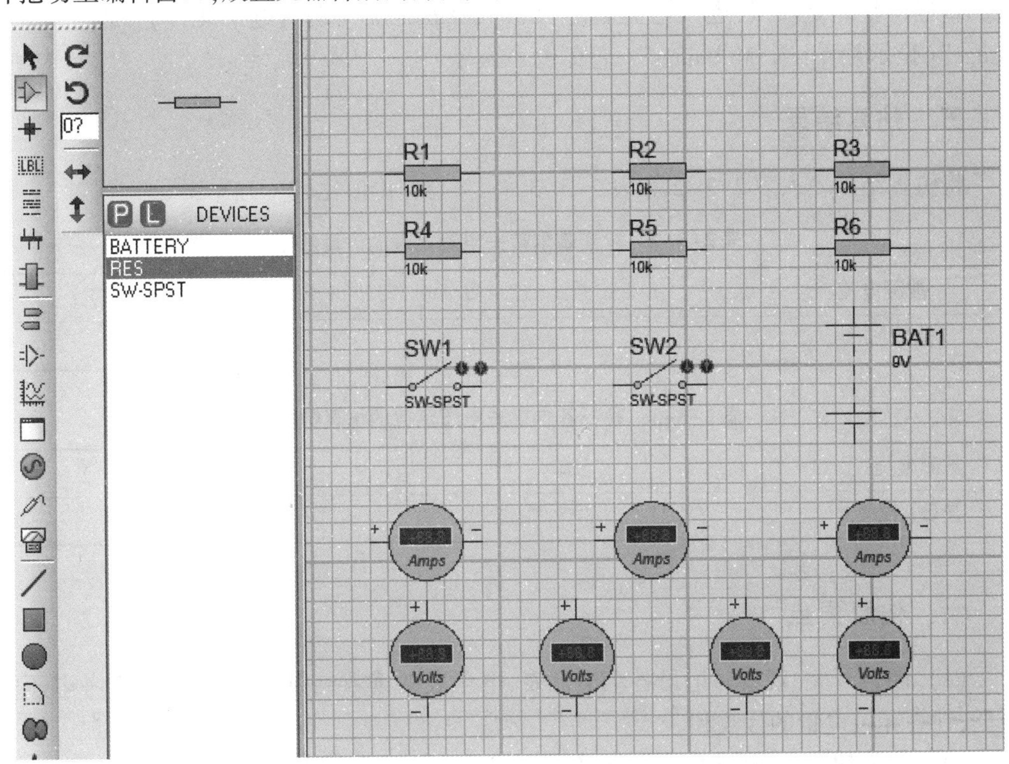

图 2-3-2　放置元器件后的界面

（2）点击虚拟仪器按钮，选择直流电流表，如图 2-3-3 所示。

（3）用导线将各个元器件及测量仪表按照仿真电路图连接起来。

（4）双击或右键单击元件，选择“Edit Properties”（编辑属性）选项；修改所需元件的参数。

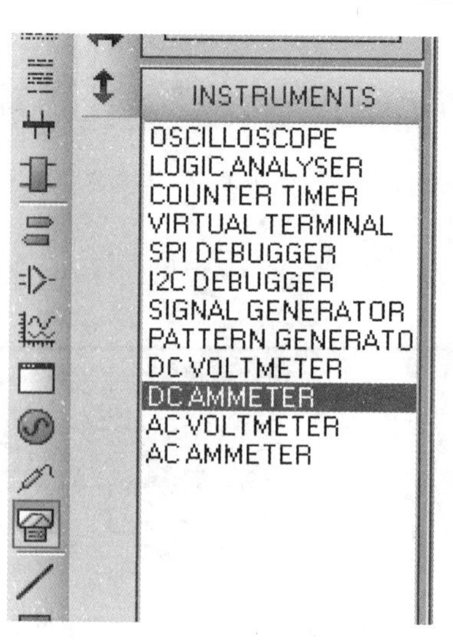

图 2-3-3　选择虚拟仪器

（5）点击编辑界面左下角的仿真运行按钮▶，仿真电路开始运行。

（6）按照仿真电路闭合开关，观察各个电流表、电压表的读数。注意：要将电流表默认的量程调整到毫安级，进入电流表的“Edit Component”（编辑电子元件）中的“Display Range”（显示量程）选“Milliamps”（毫安）。

五、仿真结果

将仿真结果填入表 2-3-2 和表 2-3-3 中，并与理论值比较。

表 2-3-2　验证基尔霍夫电流定律的仿真数据

被测电流	I_1	I_2	I_3	ΣI
读数（mA）				

表 2-3-3　验证基尔霍夫电压定律的仿真数据

被测电压	U_1	U_2	U_3	U_4	ΣU
读数（V）					

六、仿真要点

（1）闭合开关，观察并记录各个电流表、电压表的读数。根据参考电流、参考电压的方向，计算相关电量的代数和。

（2）流入和流出同一结点的电流代数和为零。

（3）在任一闭合回路上，电动势等于各电压降之和。

（4）注意电路中电压和电流的参考方向与实际方向。

（5）在设计仿真的过程中培养不断存盘的好习惯，以免事倍功半。

第四节　电路功率因数提高的研究

一、实验任务

研究电路功率因数的提高。

二、选用器件

实验仿真元件及其对应名称见表2-4-1。

表2-4-1　实验仿真元件及其对应名称

实验仿真元件	元件名称
交流电压源	ALTERNATOR
开关	SW-SPST
电阻	RES
电容	CAP
电感	B82412A1562K000(具体电感型号)
交流电流表	AC AMMETER

三、提高电路的功率因数

由于感性负载的存在,可以用电容补偿的方法来提高电路的功率因数。功率因数的提高,决定于补偿电容的电容值。在电源支路上的电流大小不变,而随着电容容量的增大,该补偿支路上的电流也不断增大,而总电流却呈现先增大、后减小、再增大的变化趋势,以此体现出电路功率因数的变化。

四、构建仿真电路

提高电路功率因数的仿真电路如图2-4-1所示。

(1) 点击拾取元器件的按钮,单击按钮P,输入所需的元件名或型号,并将各元件拖动至编辑窗口,放置元器件后的界面如图2-4-2所示。

(2) 点击虚拟仪器按钮,选择交流电流表,如图2-4-3所示。

(3) 用导线将各个元器件及测量仪表按照仿真电路图连接起来。

(4) 双击或右键单击元件,选择“Edit Properties”(编辑属性)选项;修改所需元件的参数,电容取值的大小参照表2-4-2,交流电压源一定要设置成220V、50Hz。

(5) 点击编辑界面左下角的仿真运行按钮,仿真电路开始运行。

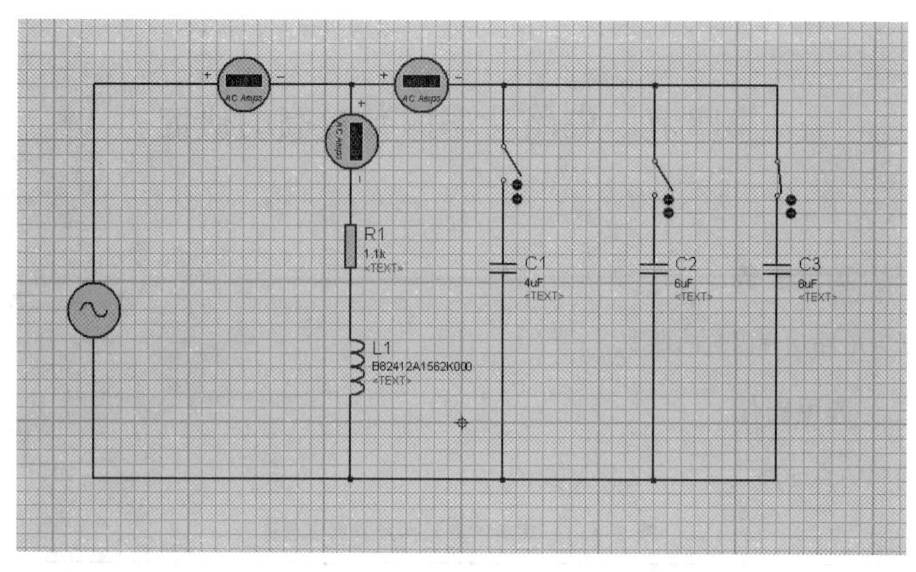

图 2-4-1　提高电路功率因数的仿真电路

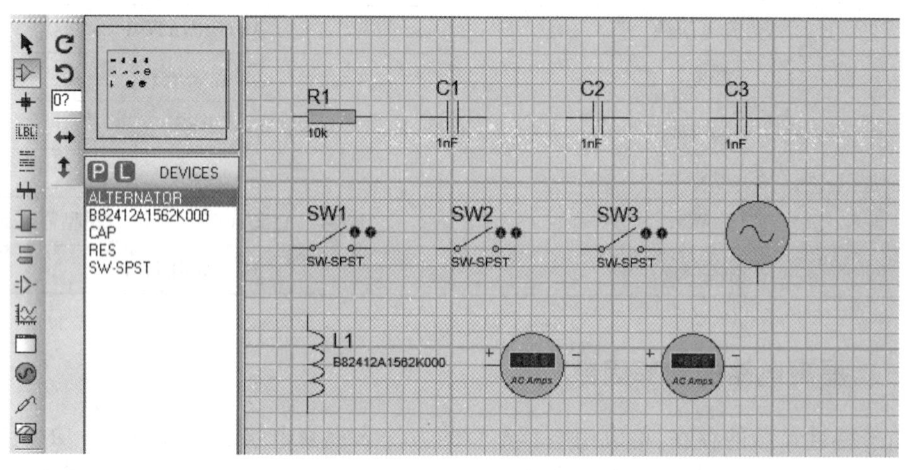

图 2-4-2　放置元器件后的界面

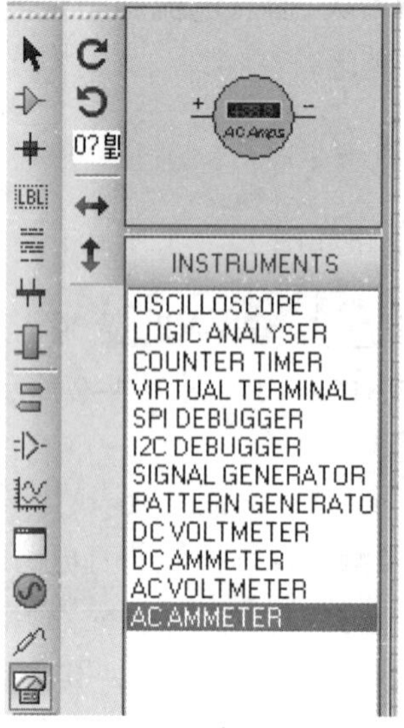

图 2-4-3　选择虚拟仪器

(6) 按照仿真电路闭合不同的开关,观察交流电流表的读数。

五、仿真结果

将仿真结果填入表 2-4-2 中,并与理论值比较。

表 2-4-2　功率因数提高的仿真数据

$C(\mu F)$		4	6	8
测量值(A)	I			
	I_1			
	I_C			

六、仿真要点

(1) 分别闭合不同的开关,观察各个交流电流表读数的变化。

(2) 注意补偿电容值的选取,当电容容量过大时,可能会补偿过度,导致功率因数再次减小。

(3) 注意交流电源的选取,应选定 220V、50Hz 的正弦交流电源。

(4) 在设计仿真的过程中培养不断存盘的好习惯,以免事倍功半。

第五节　三相交流电路的研究

一、实验任务

研究三相交流电路中三相负载的接法。

二、选用器件

实验仿真元件及其对应名称见表 2-5-1。

表 2-5-1　实验仿真元件及其对应名称

实验仿真元件	元 件 名 称
三相交流电源	V3PHASE
开关	SW-SPST
电阻	RES
交流电压表	AC VOLTMETER
交流电流表	AC AMMETER

三、三相电路中负载的两种接法

三相电路中负载的接法有星形联结和三角形联结两种。

负载如何联结,要视其额定电压而定。例如,照明电灯(单相负载)是大量使用的,要接在相线与中性线之间,且不能集中接在一相上,要均匀分配在各相与中性线之间,电灯的这种接法称为星形联结。负载星形联结时,相电流和线电流是一样的。

各相负载都直接接在电源的线电压上,就是负载的三角形联结。这时,不论负载对称与否,其相电压总是对称的,但相电流和线电流是不一样的。

四、构建仿真电路

三相交流电路的仿真电路如图 2-5-1 所示。

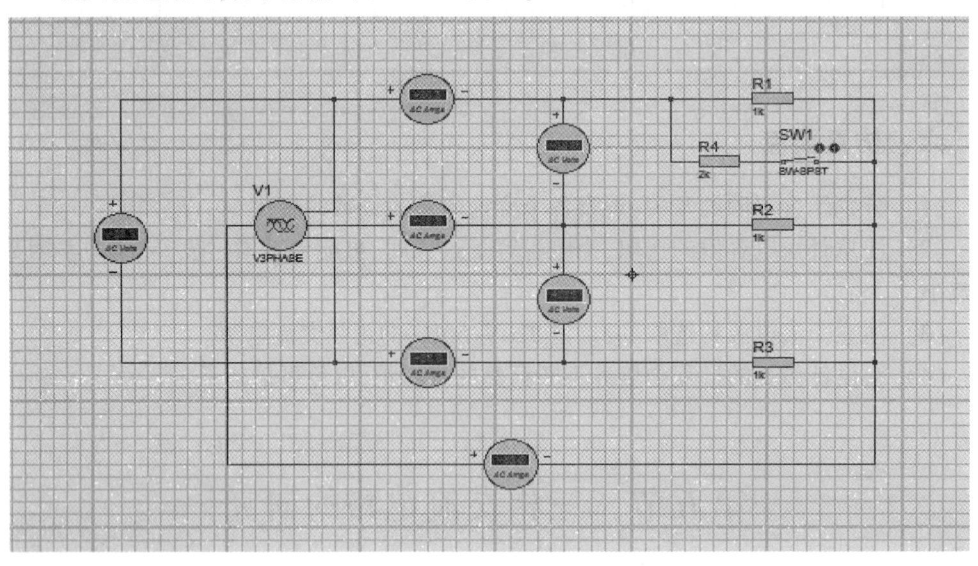

(a) 三相负载星形联结

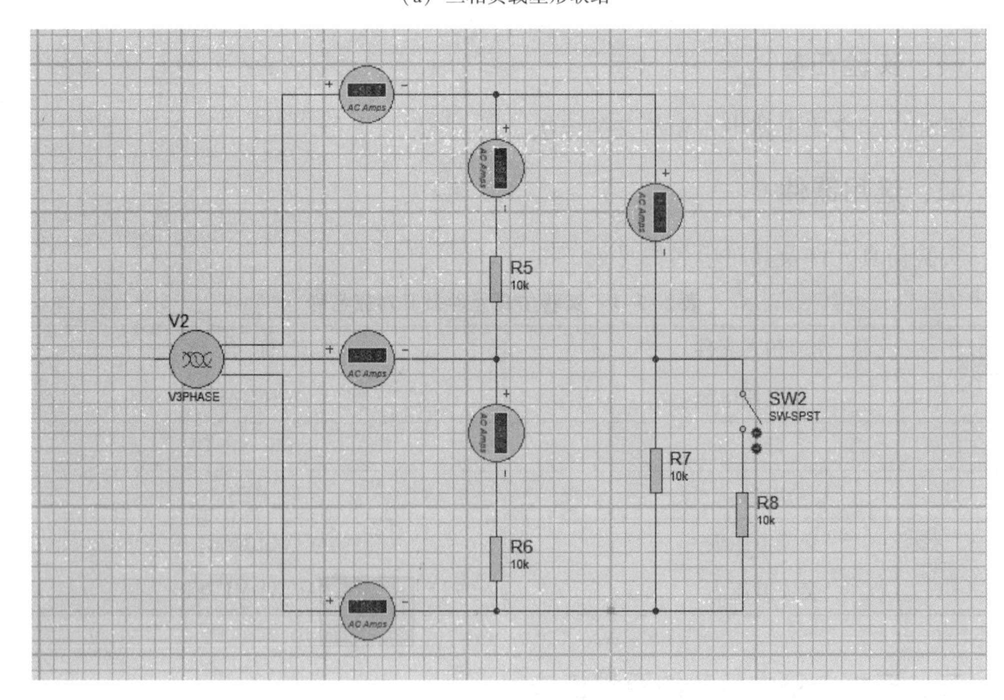

(b) 三相负载三角形联结

图 2-5-1 三相交流电路的仿真电路

（1）点击拾取元器件的按钮，单击按钮，输入所需的元件名或型号，并将各元件拖动至编辑窗口，放置元器件后的界面如图 2-5-2 所示。

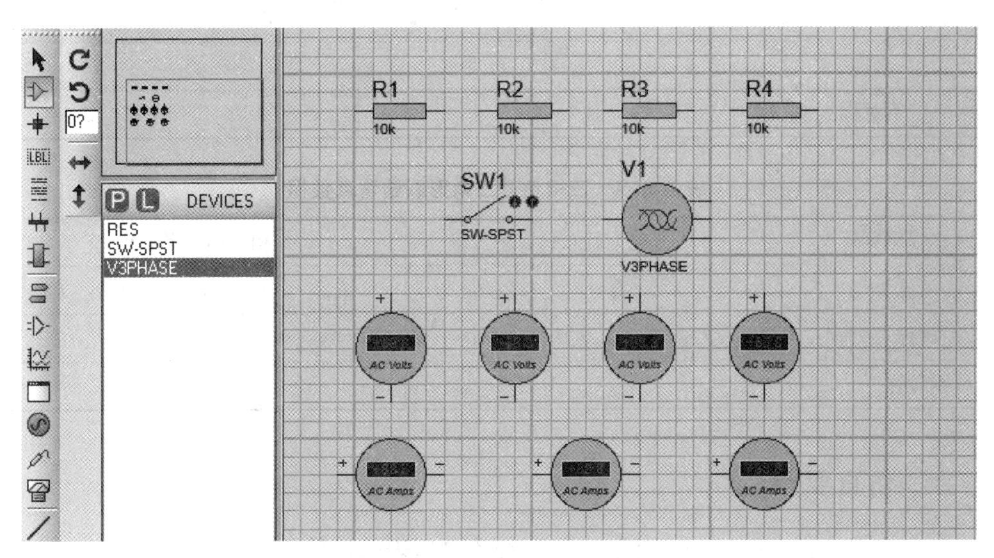

图 2-5-2　放置元器件后的界面

（2）点击虚拟仪器按钮，选择交流电流表和交流电压表，如图 2-5-3 所示。

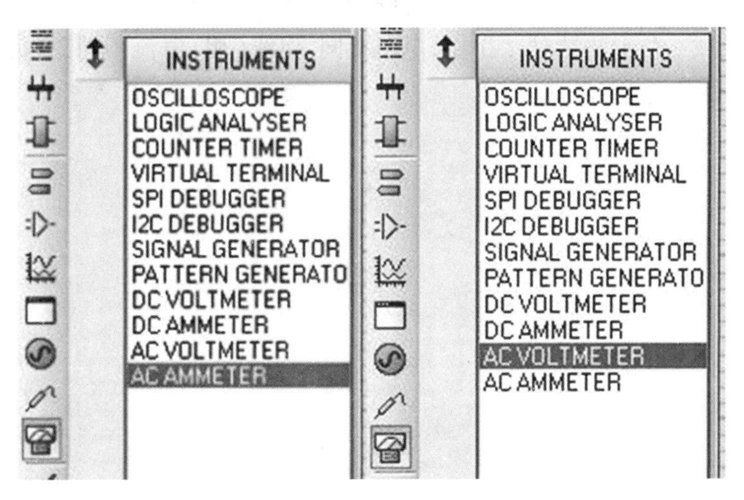

图 2-5-3　选择虚拟仪器

（3）用导线将各个元器件及测量仪表按照仿真电路图连接起来。

（4）双击或右键单击元件，选择“Edit Properties”（编辑属性）选项；修改所需元件的参数。

（5）点击编辑界面左下角的仿真运行按钮，仿真电路开始运行。

（6）按照仿真电路闭合开关，观察交流电流表、交流电压表的读数。

五、仿真结果

将仿真结果填入表 2-5-2 和表 2-5-3 中，并与理论值比较。

表 2-5-2　三相负载星形联结仿真数据

负载连接 \ 测量值	线(相)电流(A)			中性线电流(A)
	I_A	I_B	I_C	I_N
对称				
不对称				

表 2-5-3　三相负载三角形联结仿真数据

负载连接 \ 测量值	线　电　流(A)			相　电　流(A)		
	I_A	I_B	I_C	I_{AB}	I_{BC}	I_{CA}
对称						
不对称						

六、仿真要点

（1）点击运行电路，观察交流电流表、交流电压表的读数。

（2）闭合开关，观察当三相负载不对称时，交流电流表、交流电压表的读数。

（3）当负载星形联结时，由于中性线的存在，即使负载不对称，也不会发生中性点漂移的情况，但此时单相线(相)电流、电压会发生变化。

（4）当负载三角形联结时，线(相)电压相同，但线(相)电流不同，当负载不对称时，会发生中性点漂移。

实验名称＿＿＿＿＿＿＿＿＿＿＿＿＿＿＿＿＿＿＿＿

学院＿＿＿＿＿＿＿＿＿＿＿班级＿＿＿＿＿＿＿＿＿专业＿＿＿＿＿＿＿＿＿

姓名＿＿＿＿＿＿＿同组者姓名＿＿＿＿＿＿＿实验时间＿＿＿＿＿＿成绩＿＿＿

第三章　数字电子技术基础实验

第一节　基本逻辑门电路的逻辑功能

一、实验任务

(1) 验证常用门电路的逻辑功能。

(2) 了解常用74LS系列门电路和CMOS集成门电路的引脚分布。

(3) 根据所学集成逻辑门电路自行设计一个组合逻辑电路。

二、实验指导

门电路实际上是一种条件开关电路，由于门电路的输出信号与输入信号之间存在一定的逻辑关系，故又称为逻辑门电路。

1. TTL逻辑门电路

TTL基本门电路有与门、或门、非门三种，也可将其组合而构成其他逻辑功能，如与非门、或非门、与或非门等。实验采用74LS系列TTL集成电路，其工作电源的电压为(5±0.5)V，逻辑高电平"**1**"时≥2.4V，逻辑低电平"**0**"时≤0.4V。

(1) 与门逻辑功能测试。图3-1-1为与门74LS08集成电路芯片引脚排列图，图3-1-2为与门电路原理图，其输出与输入的逻辑关系为：$Q=AB$。

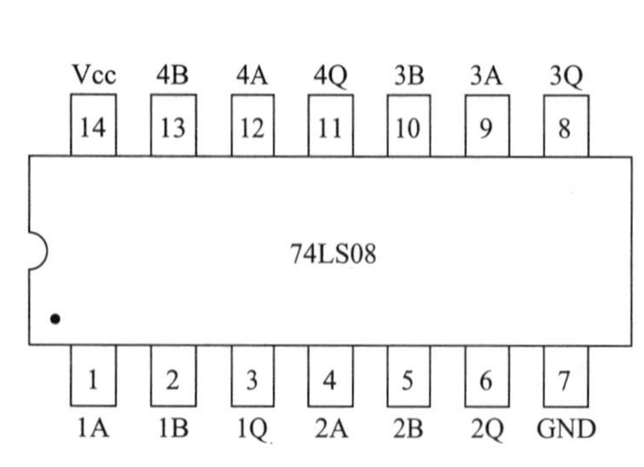

图3-1-1　与门74LS08引脚排列

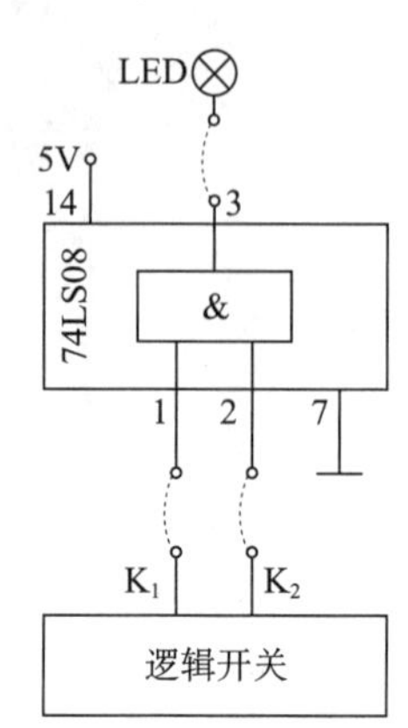

图3-1-2　与门电路原理

将74LS08集成电路芯片插入IC空插座中，输入端接逻辑开关，输出端接LED发光二极管。引脚14接+5V电源，引脚7接地，如图3-1-2所示。将测量结果用逻辑“**0**”或“**1**”表示，并填入表3-1-1中。

表3-1-1　门电路逻辑功能

输入		输出			
$B(K_2)$	$A(K_1)$	与门 $Q=AB$	或门 $Q=A+B$	与非门 $Q=\overline{AB}$	或非门 $Q=\overline{A+B}$
0	**0**				
0	**1**				
1	**0**				
1	**1**				

（2）或门逻辑功能测试。图3-1-3为或门74LS32集成电路芯片引脚排列图，图3-1-4为或门电路原理图，其输出与输入的逻辑关系为：$Q=A+B$。

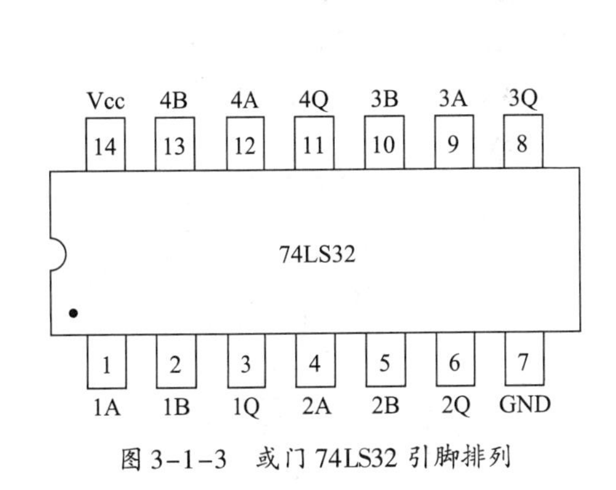

图3-1-3　或门74LS32引脚排列

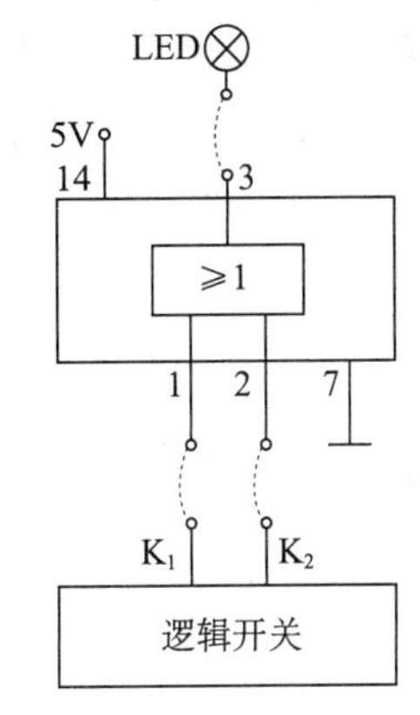

图3-1-4　或门电路原理

将74LS32集成电路芯片插入IC空插座中，输入端接逻辑开关，输出端接LED发光二极管，引脚14接+5V电源，引脚7接地，如图3-1-4所示。将测量结果用逻辑“**0**”或“**1**”表示，并填入表3-1-1中。

（3）与非门逻辑功能测试。图3-1-5为与非门74LS00集成电路芯片引脚排列图，图3-1-6为与非门电路原理图，其输出与输入的逻辑关系为：$Q=\overline{AB}$。

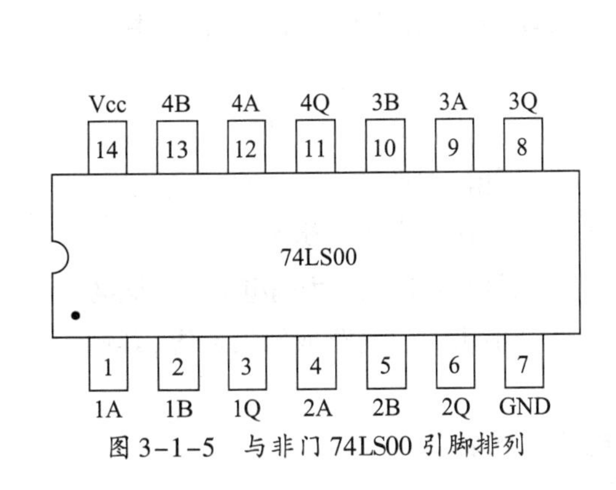

图3-1-5　与非门74LS00引脚排列

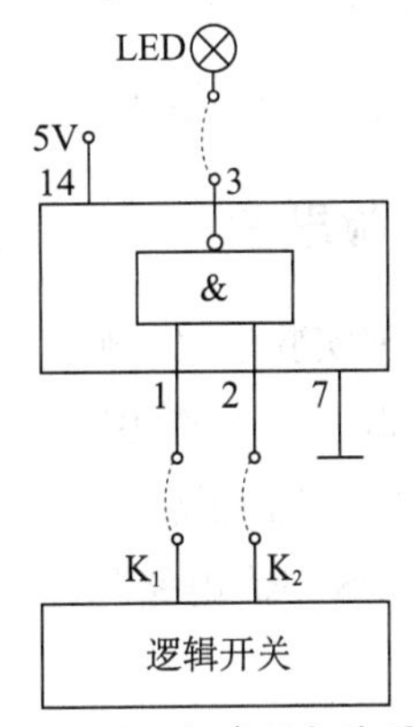

图3-1-6　与非门电路原理

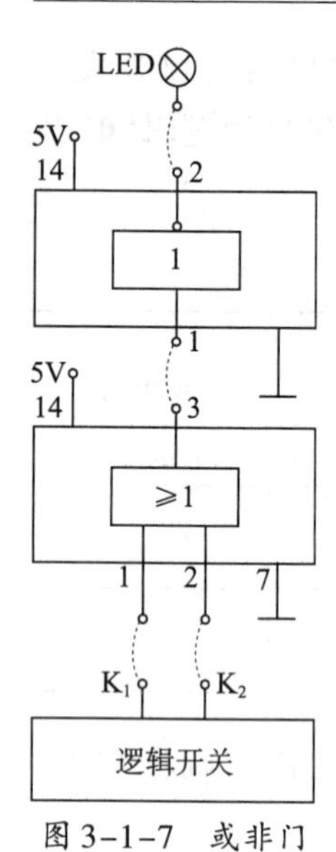

图 3-1-7　或非门电路原理

将 74LS00 集成电路芯片插入 IC 空插座中，输入端接逻辑开关，输出端接 LED 发光二极管，引脚 14 接+5V 电源，引脚 7 接地，如图 3-1-6 所示。将测量结果用逻辑“**0**”或“**1**”表示，并填入表 3-1-1 中。

（4）或非门逻辑功能测试。图 3-1-7 为用或门及非门构成的或非门电路原理图，引脚排列图见图 3-1-3 和图 3-1-5，其输出与输入之间的逻辑关系为：$Q=\overline{A+B}$。

将 74LS00 和 74LS32 集成电路芯片插入 IC 空插座中，输入端接逻辑开关，输出端接 LED 发光二极管，引脚 14 接+5V 电源，引脚 7 接地，如图 3-1-7 所示。将测量结果用逻辑“**0**”或“**1**”表示，并填入表 3-1-1 中。

2. CMOS 集成门电路

CMOS 集成门电路的逻辑符号、逻辑关系及引脚排列方法均同 TTL 逻辑门电路，所不同的是型号和电源电压范围。

（1）CMOS 门电路的逻辑功能验证方法同 TTL 门电路，仅以 CMOS 或非门逻辑功能验证为例，选用 CD4002 四输入或非门集成电路芯片进行验证。图 3-1-8 为或非门 CD4002 引脚排列图，图 3-1-9 为 CMOS 或非门电路原理图。

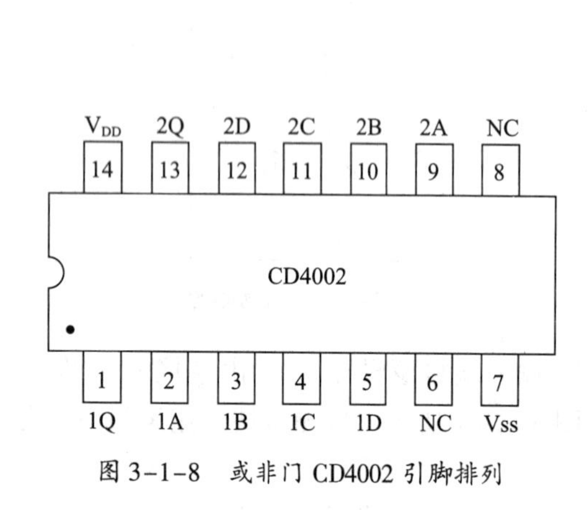

图 3-1-8　或非门 CD4002 引脚排列

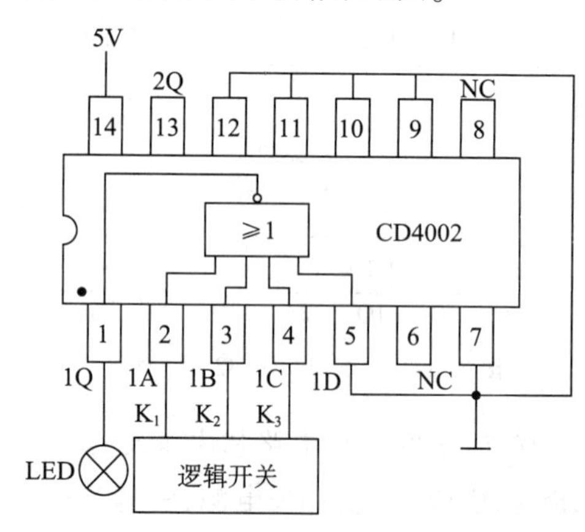

图 3-1-9　CMOS 或非门电路原理

（2）将或非门 CD4002 集成电路芯片插入 IC 空插座中，输入端接逻辑开关，输出端接 LED 发光二极管，引脚 14 接+5V 电源，引脚 7 接地，如图 3-1-9 所示。输入相应的逻辑信号，验证其功能是否满足或非门逻辑表达式 $Q=\overline{A+B+C}$，并将结果填入自拟的表格中。

三、实验思考

（1）整理实验表格，画出测量各个逻辑门电路功能的线路图。

（2）逻辑运算中的“**0**”或“**1**”是否表示两个数字？什么是正逻辑和负逻辑？

（3）TTL 门电路的输入端口如果悬空（即不接入信号），则输入视为高电平还是低电平？

（4）CMOS 集成电路与 TTL 集成电路不同，多余不用的门电路或触发器等，其输入端必须如何处理？

（5）试比较 TTL 集成电路与 CMOS 集成电路的优缺点。

(6) 自行给出输入信号的"**0**""**1**"波形,画出各个逻辑电路的输出信号波形。

第二节　三态输出与非门电路

一、实验任务

(1) 验证三态输出与非门电路的逻辑功能。
(2) 了解三态输出与非门电路的典型应用。

二、实验指导

1. 三态输出与非门电路

三态输出与非门电路是在普通门电路的基础上附加控制电路而构成的。它的输出端除了输出高电平和低电平两种状态外,还可以出现第三种状态——高阻态,所以是一种特殊的 TTL 门电路。

三态输出与非门电路最重要的一个用途,是可以实现用一根导线以选通的方式分时传送若干个门电路的输出信号,实现多路信息的采集而互不干扰,这根导线称为母线或数据总线。就是让各个三态门的选通控制端轮流处于有效状态,即任何时间只有一个三态与非门允许处于工作状态,而其余三态与非门都处于高阻态。处于高阻态时,电路的输出电阻很大,相当于开路。

2. 三态输出与非门电路的逻辑功能

选用 74LS125 三态输出与非门电路,进行逻辑功能验证。

三态输出与非门 74LS125 集成电路芯片引脚排列如图 3-2-1 所示。当 EN=**0** 时,其逻辑关系为 $Q=A$;当 EN=**1** 时,输出为高阻态。按图 3-2-2 所示的三态输出与非门电路原理图接线,其中三态与非门三个输入分别接地、高电平、脉冲源,输出连在一起接 LED 发光二极管。三个使能端分别接逻辑开关 K_1、K_2、K_3,并全部置"**1**"。在三个使能端均为"**1**"时,用仪表测量 Q 端的输出。分别使 K_1、K_2、K_3 为"**0**",观察 Q 端输出情况。注意:K_1、K_2、K_3 只能有一个为"**0**",否则会造成与非门输出端相连,这是绝对不允许的。

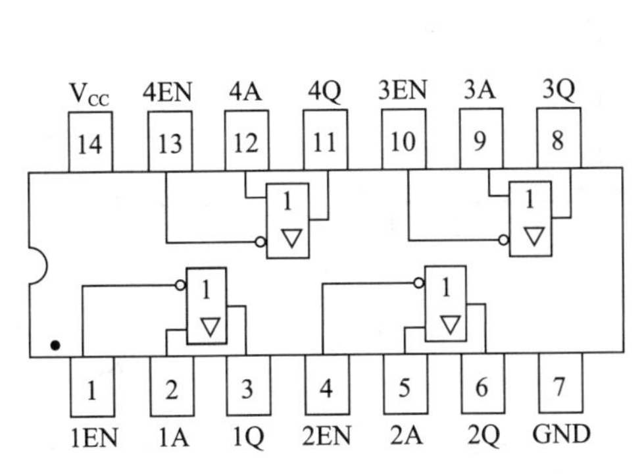

图 3-2-1　三态输出与非门 74LS125 引脚排列

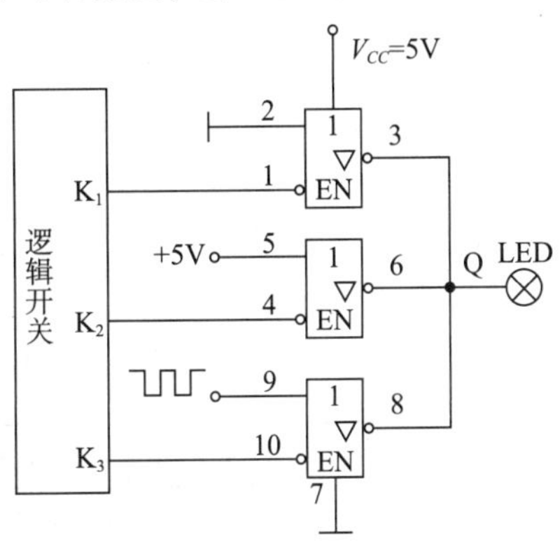

图 3-2-2　三态输出与非门电路原理

三、实验思考

（1）自行拟定表格，记录并分析三态输出与非门电路的实验结果。

（2）三态输出与非门电路是如何接成总线结构的？

（3）三态输出与非门电路是如何实现数据的双向传输的？

（4）如果自行选用 CMOS 电路，为了防止静电电压造成的损坏，在接入电源后其剩余的输入端需加以保护，将不用的输入端引脚连在一起后再接地，不可以悬空。

第三节　优先编码器和译码器

一、实验任务

（1）验证编码器和译码器的逻辑功能。

（2）熟悉常用优先编码器和译码器的应用。

二、实验指导

1. 优先编码器

（1）为了区分一系列不同的事务，将其中的每个事务用一个二值代码表示，就是编码的含义。在二值逻辑电路中，信号都是以高、低电平的形式给出的。编码器的逻辑功能，就是把输入的每一个高、低电平信号编成一个对应的二进制代码。

在普通编码器中，任何时刻只允许输入一个编码信号，否则将发生输出混乱。在优先编码器中，则允许同时输入两个以上编码信号。在设计优先编码器时，已经将所有的输入信号按优先顺序排了队。当几个输入信号同时出现时，只对其中优先权最高的一个编码。

（2）将 10/4 线（十进制-BCD 码）编码器 74LS147 集成电路芯片插入 IC 空插座中，74LS147 引脚排列如图 3-3-1 所示，按照图 3-3-2 所示的 10/4 线编码器电路原理图接

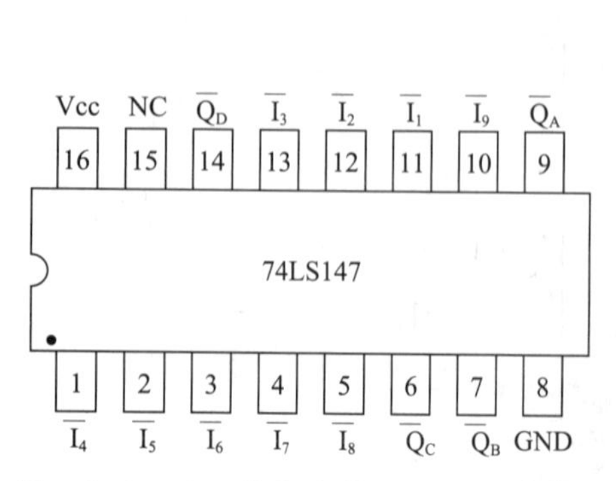

图 3-3-1　10/4 线编码器 74LS147 引脚排列

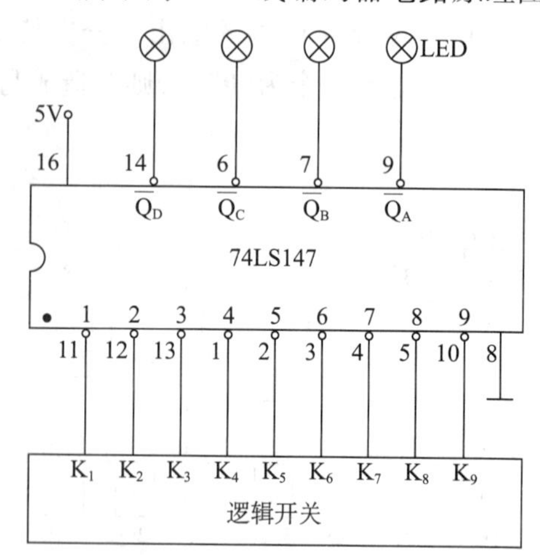

图 3-3-2　10/4 线编码器电路原理

线。其中输入端 1 ~9 通过开关接入高、低电平(开关开为"**1**"、关为"**0**"),输出 Q_D、Q_C、Q_B、Q_A接 LED 发光二极管。接通电源,按表 3-3-1 输入各逻辑变量,观察输出结果,并填入表 3-3-1 中。

表 3-3-1　10/4 线编码器 74LS147 的功能

输入									输出			
$\overline{I}_1$	$\overline{I}_2$	$\overline{I}_3$	$\overline{I}_4$	$\overline{I}_5$	$\overline{I}_6$	$\overline{I}_7$	$\overline{I}_8$	$\overline{I}_9$	$\overline{Q}_D$	$\overline{Q}_C$	$\overline{Q}_B$	$\overline{Q}_A$
1	**1**	**1**	**1**	**1**	**1**	**1**	**1**	**1**				
×	×	×	×	×	×	×	×	**0**				
×	×	×	×	×	×	×	**0**	**1**				
×	×	×	×	×	×	**0**	**1**	**1**				
×	×	×	×	×	**0**	**1**	**1**	**1**				
×	×	×	×	**0**	**1**	**1**	**1**	**1**				
×	×	×	**0**	**1**	**1**	**1**	**1**	**1**				
×	×	**0**	**1**	**1**	**1**	**1**	**1**	**1**				
×	**0**	**1**	**1**	**1**	**1**	**1**	**1**	**1**				
0	**1**	**1**	**1**	**1**	**1**	**1**	**1**	**1**				

注:×指状态随意。

(3) 将 8/3 线优先编码器 74LS148 集成电路芯片插入 IC 空插座中,按上述方法进行实验论证。8/3 线优先编码器 74LS148 引脚排列如图 3-3-3 所示,按照图 3-3-4 所示的 8/3 线优先编码器电路原理图接线。接通电源,按表 3-3-2 输入各逻辑电平,观察并记录输出结果,填入表 3-3-2 中。

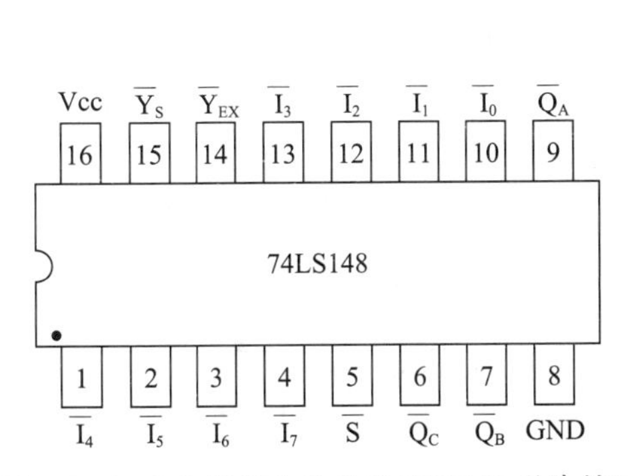

图 3-3-3　8/3 线优先编码器 74LS148 引脚排列

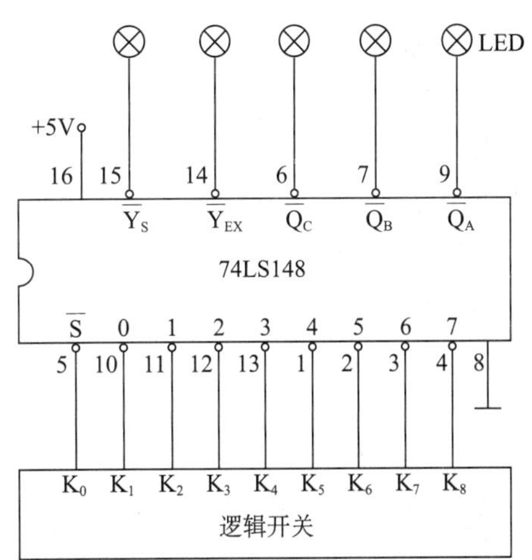

图 3-3-4　8/3 线优先编码器电路原理

表 3-3-2　8/3 线优先编码器 74LS148 的功能

输入									输出				
$\overline{S}$	$\overline{I}_0$	$\overline{I}_1$	$\overline{I}_2$	$\overline{I}_3$	$\overline{I}_4$	$\overline{I}_5$	$\overline{I}_6$	$\overline{I}_7$	$\overline{Q}_C$	$\overline{Q}_B$	$\overline{Q}_A$	$\overline{Y}_S$	$\overline{Y}_{EX}$
1	×	×	×	×	×	×	×	×	**1**	**1**	**1**	**1**	**1**

（续表）

输入									输出				
$\overline{S}$	$\overline{I}_0$	$\overline{I}_1$	$\overline{I}_2$	$\overline{I}_3$	$\overline{I}_4$	$\overline{I}_5$	$\overline{I}_6$	$\overline{I}_7$	$\overline{Q}_C$	$\overline{Q}_B$	$\overline{Q}_A$	$\overline{Y}_S$	$\overline{Y}_{EX}$
0	**1**	**1**	**1**	**1**	**1**	**1**	**1**	**1**	**1**	**1**	**1**	**0**	**1**
0	×	×	×	×	×	×	×	**0**					
0	×	×	×	×	×	×	**0**	**1**					
0	×	×	×	×	×	**0**	**1**	**1**					
0	×	×	×	×	**0**	**1**	**1**	**1**					
0	×	×	×	**0**	**1**	**1**	**1**	**1**					
0	×	×	**0**	**1**	**1**	**1**	**1**	**1**					
0	×	**0**	**1**	**1**	**1**	**1**	**1**	**1**					
0	**0**	**1**	**1**	**1**	**1**	**1**	**1**	**1**					

2. 译码器

译码器是组合逻辑电路的一部分。所谓译码，就是把二进制代码（输入）的特定含义译成对应的高电平或者低电平信号（输出），实现译码操作的电路称为译码器。

常用的译码器电路可分为以下三类：

（1）二进制译码器。输入是一组二进制代码，输出是一组与输入代码一一对应的高电平或低电平信号，如中规模 2/4 线译码器 74LS139、3/8 线译码器 74LS138 等。

（2）二-十进制译码器。将输入的 BCD 码的 10 个代码译成 10 个高电平或低电平信号，如二-十进制译码器 74LS42。

（3）显示译码器。为了用十进制数码直观地显示数字系统的运行数据，就要用显示译码器。常用的显示译码器如共阴数码管译码驱动 74LS48（或 74LS248），共阳数码管译码驱动 74LS47（或 74LS247）等。

图 3-3-5 为 74LS139 引脚排列图。将 2/4 线译码器 74LS139 集成电路芯片插入 IC 空插座中，按图 3-3-6 所示 2/4 线译码器电路原理图接线。输入端接逻辑开关，输出端接 LED 发光二极管。接通电源，按表 3-3-3 输入各逻辑电平，观察输出结果，并填入表 3-3-3 中。

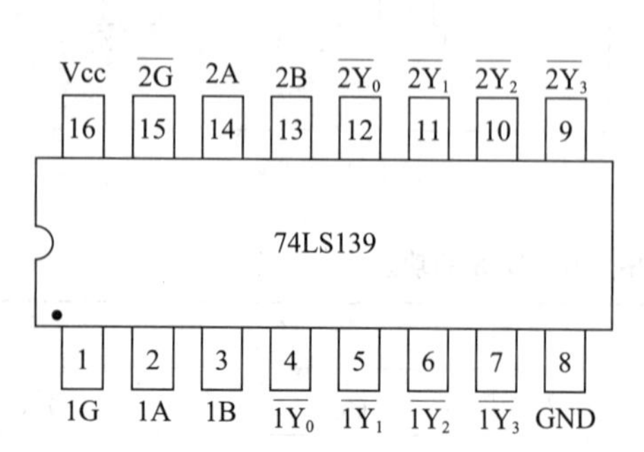

图 3-3-5　2/4 线译码器 74LS139 引脚排列

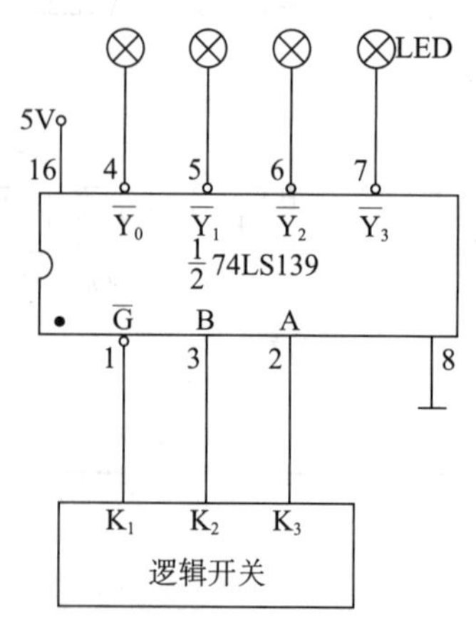

图 3-3-6　2/4 线译码器电路原理

表 3-3-3　2/4 线译码器 74LS139 的功能

输　入			输　出			
$\overline{G}$	B	A	$\overline{Y_3}$	$\overline{Y_2}$	$\overline{Y_1}$	$\overline{Y_0}$
1	×	×	1	1	1	1
0	0	0				
0	0	1				
0	1	0				
0	1	1				

图 3-3-7 为 BCD 码-十进制译码器 74LS145 引脚排列图。将 BCD 码-十进制译码器 74LS145 插入 IC 插座中,按图 3-3-8 所示 BCD 码-十进制译码器电路原理图接线。输入端 A、B、C、D 接 8421 码拨码开关,输出端"0 ~ 9"接 LED 发光二极管。接通电源,拨动拨码开关,观察输出 LED 发光二极管是否和拨码开关所指示的十进制数字一致。

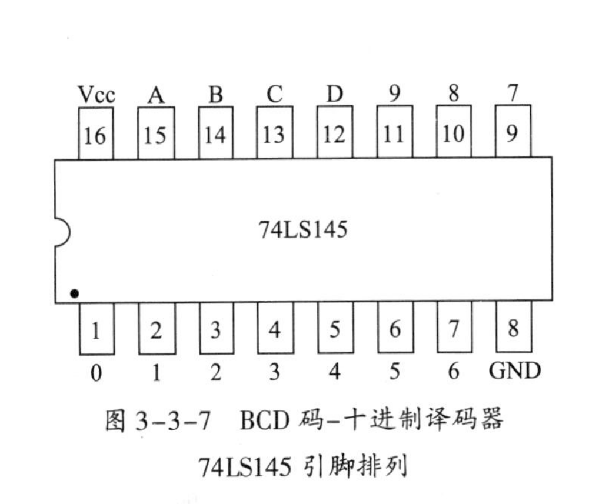

图 3-3-7　BCD 码-十进制译码器 74LS145 引脚排列

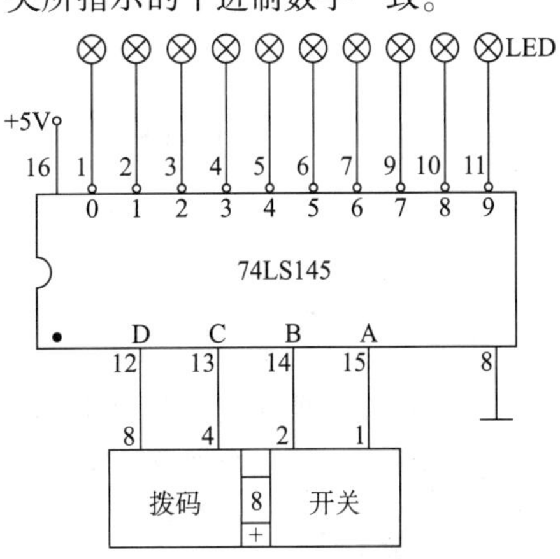

图 3-3-8　BCD 码-十进制译码器电路原理

图 3-3-9 为共阴极数码管 LC5011-11 引脚排列图。将译码驱动器 74LS48(或 74LS248)和共阴极数码管 LC5011-11(547R)插入 IC 空插座中,按图 3-3-10 所示译码显

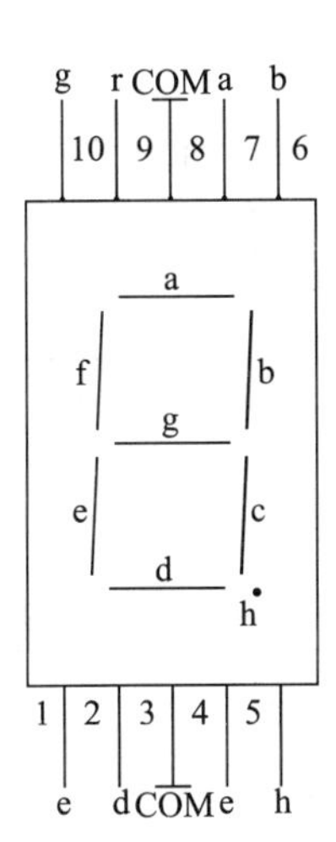

图 3-3-9　共阴极数码管 LC5011-11 引脚排列

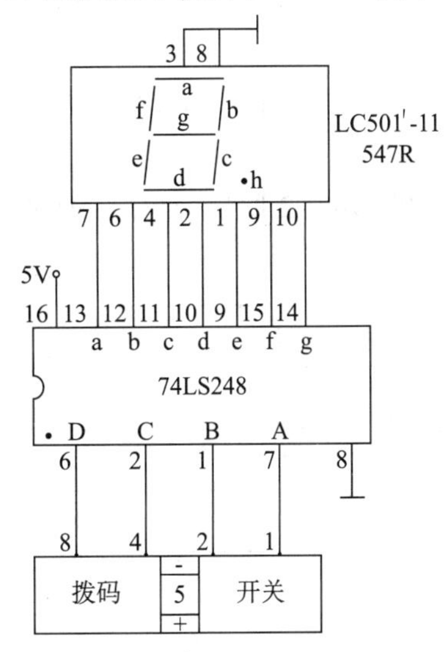

图 3-3-10　译码显示电路原理

示电路原理图接线。接通电源后,观察数码管显示结果是否和拨码开关指示数据一致。若无 8421 码拨码开关,可用四位逻辑开关代替。

三、实验思考

(1) 整理实验线路图和实验数据表格。

(2) 比较用门电路构成的组合电路和用专用集成电路各有什么优缺点。

(3) 什么是编码? 什么是译码?

(4) 区分二进制编码器、二–十进制编码器、优先编码器的不同点。

(5) 区分二进制译码器、二–十进制显示译码器的不同点。

(6) 自行设计用两片 8/3 线优先编码器 74LS148,组成 16/4 线优先编码器的实验电路。

(7) 试用 3/8 线译码器构成 2/4 线译码器。

第四节 半加器和全加器

一、实验任务

(1) 验证半加器和全加器的逻辑功能。

(2) 熟悉半加器和全加器的不同组成方法。

二、实验指导

如果不考虑来自低位的进位,将两个一位二进制数相加,称为半加,实现半加运算的电路称为半加器。在将两个多位二进制数相加时,除了最低位以外,每一位都应该考虑来自低位的进位,这种运算称为全加,实现全加运算的电路称为全加器。

1. 半加器逻辑功能验证

根据组合逻辑电路的设计方法,首先列出半加器的真值表,见表 3–4–1;再由异或门 74LS86 和与门 74LS08 组成半加器。异或门 74LS86 引脚排列如图 3–4–1 所示,半加器实验电路如图 3–4–2 所示。与门 74LS08 引脚排列如图 3–1–1 所示。

表 3–4–1 半加器的真值表

输入		输出	
A	B	S	C
0	0	0	0
0	1	1	0
1	0	1	0
1	1	0	1

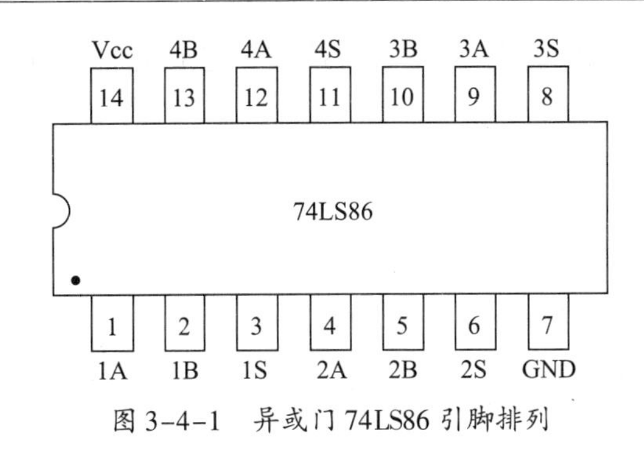

图 3-4-1　异或门 74LS86 引脚排列

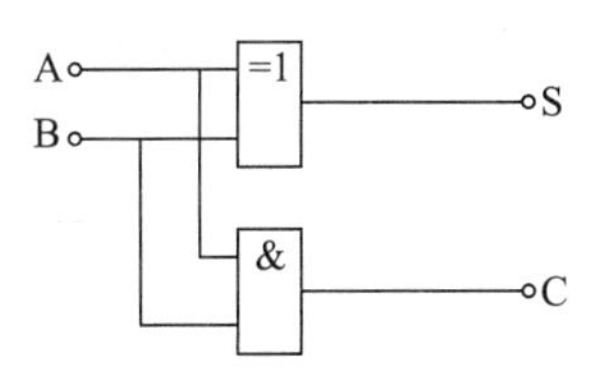

图 3-4-2　半加器实验电路

将异或门 74LS86 及与门 74LS08 集成电路芯片插入 IC 空插座中，按半加器实验电路图 3-4-2 接线，进行半加器逻辑功能验证。实验时输入端 A、B 接输入信号，输出端 S、C 接 LED 发光二极管，观察输出的“和”与“进位”的逻辑值，是否符合表 3-4-1 的逻辑关系。

2. 全加器逻辑功能验证

实验中全加器不用基本门电路来构成，而选用集成双全加器 74LS183 实现。全加器 74LS183 引脚排列如图 3-4-3 所示，全加器实验电路如图 3-4-4 所示。

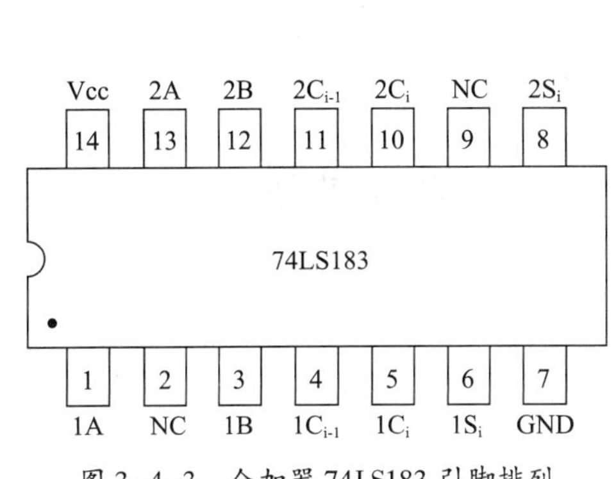

图 3-4-3　全加器 74LS183 引脚排列

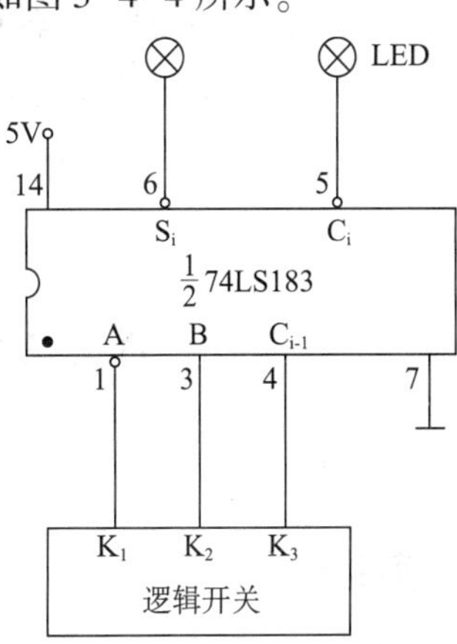

图 3-4-4　全加器实验电路

将全加器 74LS183 集成电路芯片插入 IC 空插座中，输入端 A、B、C_{i-1} 分别接逻辑开关 K_1、K_2、K_3，输出 S_i 和 C_i 接 LED 发光二极管，如图 3-4-4 所示。按表 3-4-2 输入逻辑电平信号，观察输出的“和”与“进位”的逻辑值，是否符合表 3-4-2 的逻辑关系。

表 3-4-2　全加器的真值表

输　　入			输　　出	
C_{i-1}	A	B	S_i	C_i
0	0	0	0	0
0	0	1	1	0
0	1	0	1	0
0	1	1	0	1
1	0	0	1	0
1	0	1	0	1
1	1	0	0	1
1	1	1	1	1

图 3-4-5 所示为用半加器实现全加器的实验电路,试自行接线并完成全加器的真值表。

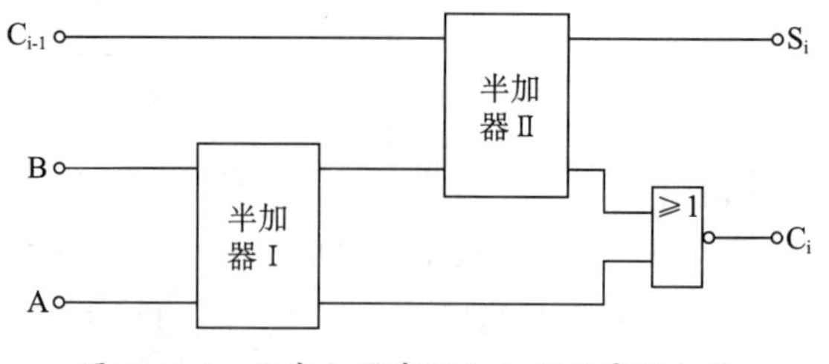

图 3-4-5　用半加器实现全加器的实验电路

三、实验思考

(1) 整理实验数据表和实验线路图。

(2) 二进制加法运算与逻辑加法运算的含义有何不同?

(3) 自行用与非门、非门设计半加器和全加器。

(4) 熟悉半加器、全加器的各种不同构成方法。

(5) 试用加法器设计组合逻辑电路。

(6) 进一步学习多位加法器。

第五节　数据选择器和数据分配器

一、实验任务

(1) 验证数据选择器和数据分配器的逻辑功能。

(2) 熟悉集成数据选择器及集成数据分配器的典型应用。

二、实验指导

1. 数据选择器

(1) 在数字信号的传输过程中,有时需要从一组输入数据中选出某一个作为输出,这时要用到数据选择器(又称多路开关)的逻辑电路。如 4 选 1 数据选择器,有 4 个数据输入端,1 个数据输出端,2 个地址选择端,1 个低电平或高电平有效的选通端/使能端。

(2) 数据选择器的集成电路有多种类型,以 8 选 1 数据选择器 74LS151 为例进行验证。图 3-5-1 为 74LS151 引脚排列图,图 3-5-2 为数据选择器实验电路图。将 8 选 1 数据选择器 74LS151 插入 IC 空插座中,按图 3-5-2 接线。其中 C、B、A 为三位地址码,$\overline{G}$为低电平选通输入端,$D_0 \sim D_7$ 为数据输入端,输出 Q 为原码输出端,$\overline{Q}$为反码输出端。设置选通端$\overline{G}$为低电平有效时,则数据选择器被选中。拨动逻辑开关 $K_3 \sim K_1$,自行设置逻辑变量并观察输出端 Q 和$\overline{Q}$的输出结果,记录在表 3-5-1 中。

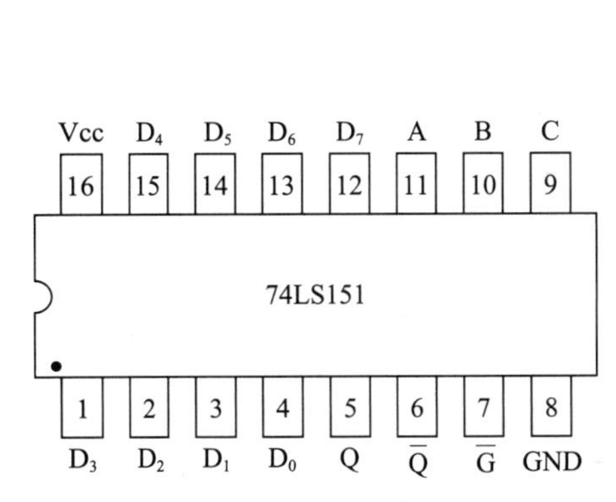

图 3-5-1　8 选 1 数据选择器 74LS151 引脚排列

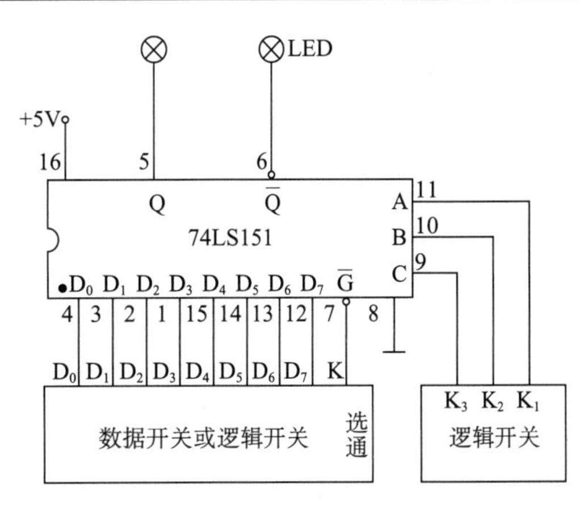

图 3-5-2　数据选择器实验电路

表 3-5-1　数据选择器 74LS151 的功能

输入												输出	
$\overline{G}$	C	B	A	D_0	D_1	D_2	D_3	D_4	D_5	D_6	D_7	Q	$\overline{Q}$
1	×	×	×	×	×	×	×	×	×	×	×	**0**	**1**
0	**0**	**0**	**0**	D_0	×	×	×	×	×	×	×		
0	**0**	**0**	**1**	×	D_1	×	×	×	×	×	×		
0	**0**	**1**	**0**	×	×	D_2	×	×	×	×	×		
0	**0**	**1**	**1**	×	×	×	D_3	×	×	×	×		
0	**1**	**0**	**0**	×	×	×	×	D_4	×	×	×		
0	**1**	**0**	**1**	×	×	×	×	×	D_5	×	×		
0	**1**	**1**	**0**	×	×	×	×	×	×	D_6	×		
0	**1**	**1**	**1**	×	×	×	×	×	×	×	D_7		

2. 数据分配器

（1）数据分配器就是带控制端的译码器，其逻辑功能就是将一个数据分时分送到多个输出端输出，即一路输入、多路输出。常用译码器集成电路芯片作为数据分配器用。如 8 路输出的数据分配器，有 1 个数据输入端，3 个地址选择端，8 个数据输出端。

（2）试用 3/8 线译码器接成数据分配器形式，完成 8 路信号的传输。图 3-5-3 为 3/8 线译码器 74LS138 引脚排列图，图 3-5-4 为数据分配器实验电路图。

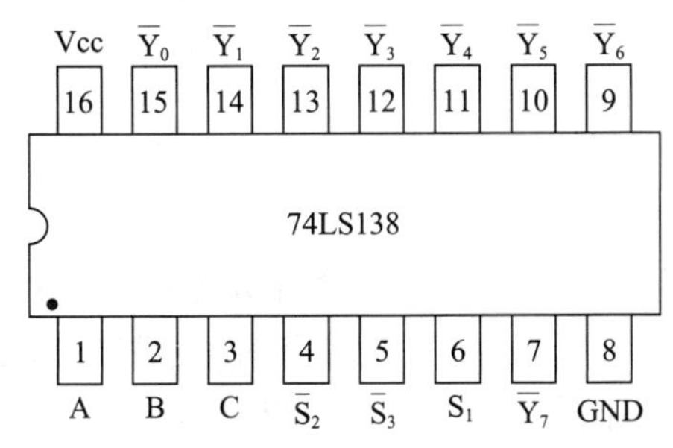

图 3-5-3　3/8 线译码器 74LS138 引脚排列

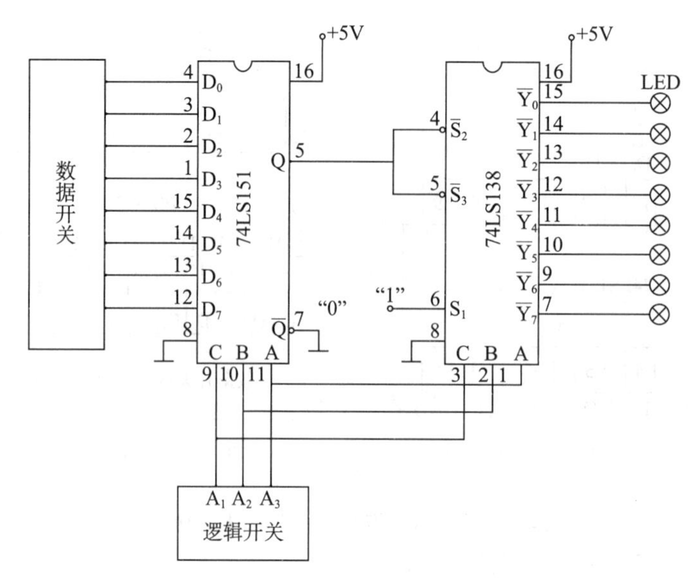

图 3-5-4　数据分配器实验电路

将 74LS138 集成电路芯片插入 IC 空插座中,按图 3-5-4 接线。$D_0 \sim D_7$ 分别接数据开关或逻辑开关,$\overline{Y_0} \sim \overline{Y_7}$ 接 8 个 LED 发光二极管以显示输出电平。数据选择器和数据分配器的地址码一一对应相连,并接三位逻辑电平开关。把数据选择器 74LS151 原码输出端 Q 与 74LS138 的 $\overline{S_2}$ 和 $\overline{S_3}$ 输入端相连。两个集成电路芯片的通选端分别接规定的电平。这样即完成了多路分配器的功能验证。

自行设置 $D_0 \sim D_7$ 的状态,再分别设置地址码的所有变化,观察输出 LED 发光二极管的状态,并记录在自行拟定的表格中。

三、实验思考

(1) 整理实验数据表和实验线路图。

(2) 试用带控制输入端的译码器组成数据分配器。

(3) 试用数据选择器实现全加器及比较器的功能,画出具体线路图并实现。

(4) 试用数据选择器设计组合逻辑电路。

(5) 分析用数据选择器设计组合逻辑电路,与用译码器设计有何不同点?

第六节　触发器及其逻辑功能的转换

一、实验任务

(1) 验证基本触发器的逻辑功能,掌握逻辑功能的测试方法。

(2) 了解触发器的分类,理解基本触发器和时钟触发器的区别。

(3) 掌握基本触发器不同逻辑功能之间的转换方法。

(4) 自行设计用 JK 触发器和基本门电路组成 D 触发器。

二、实验指导

触发器可以根据有无时钟脉冲输入分为两大类:一类是没有时钟输入端的触发器,称为基本触发器;另一类是有时钟脉冲输入端的触发器,称为时钟触发器。

1. 基本触发器

1）用与非门组成的基本触发器　用与非门组成的基本RS触发器电路如图3-6-1所示,它有两个输入端($\overline{S}$和$\overline{R}$),两个输出端(Q和$\overline{Q}$),其逻辑功能见表3-6-1。

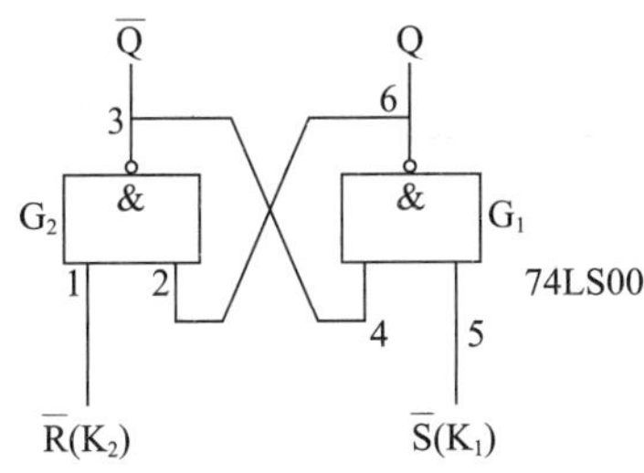

图3-6-1　用与非门组成的基本RS触发器电路

表3-6-1　用与非门组成的基本RS触发器特性

$\overline{S}$	$\overline{R}$	Q	$\overline{Q}$
1	1	不变	不变
1	0	0	1
0	1	1	0
0	0	不定	不定

与非门74LS00引脚排列如图3-1-5所示。将74LS00与非门集成电路芯片插入IC空插座中,按图3-6-1接上电源和接地线,其中输出端Q和$\overline{Q}$分别接两只LED发光二极管,输入端$\overline{S}$、$\overline{R}$分别接逻辑开关K_1、K_2。按表3-6-1分别拨动逻辑开关K_1和K_2,输入$\overline{S}$和$\overline{R}$的状态,观察输出Q和$\overline{Q}$的状态。在所设置的初态下,把次态记录在表3-6-2中。

表3-6-2　用与非门组成的基本RS触发器逻辑功能

$\overline{S}_D$	$\overline{R}_D$	Q^n	Q^{n+1}
1	1	0	
1	1	1	
0	1	0	
0	1	1	
1	0	0	
1	0	1	
0	0	0	
0	0	1	

2）用或非门组成的基本RS触发器　图3-6-2为或非门74LS02引脚排列图,由两个或非门组成的基本RS触发器电路如图3-6-3所示;表3-6-3为用或非门组成的基本RS触发器特性表。

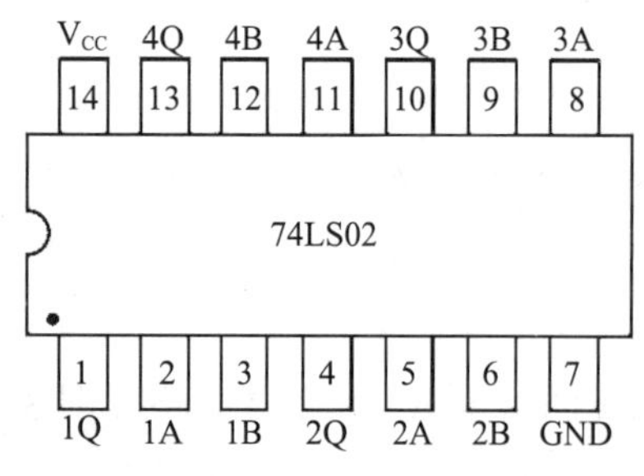

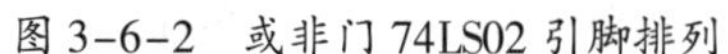
图 3-6-2 或非门 74LS02 引脚排列

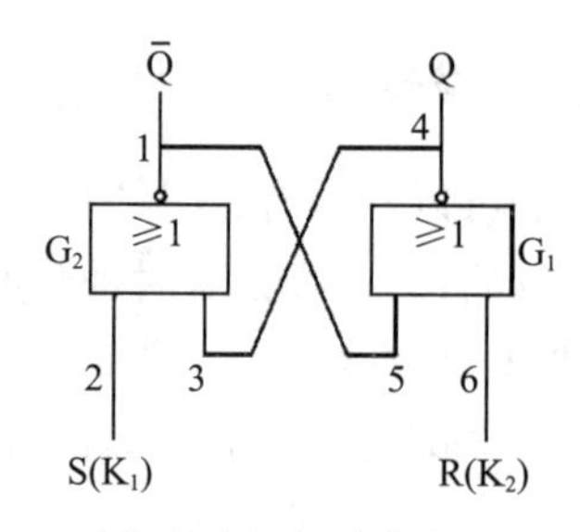

图 3-6-3 用或非门组成的基本 RS 触发器电路

表 3-6-3 用或非门组成的基本 RS 触发器特性

S	R	Q	$\overline{Q}$
0	**0**	不变	不变
0	**1**	**0**	**1**
1	**0**	**1**	**0**
1	**1**	不定	不定

将 74LS02 四输入或非门集成电路芯片插入 IC 空插座中,按图 3-6-3 接上电源和接地线,输出端 Q 和$\overline{Q}$分别接两只 LED 发光二极管,输入端 S 和 R 分别接逻辑开关 K_1 和 K_2。按表 3-6-3 分别拨动逻辑开关 K_1 和 K_2,输入 S 和 R 的状态,观察 Q 和$\overline{Q}$的状态。在所设置的初态下,把次态记录在表 3-6-4 中。

表 3-6-4 用或非门组成的基本 RS 触发器逻辑功能

S_D	R_D	Q^n	Q^{n+1}
0	**0**	**0**	
0	**0**	**1**	
1	**0**	**0**	
1	**0**	**1**	
0	**1**	**0**	
0	**1**	**1**	
1	**1**	**0**	
1	**1**	**1**	

2. 时钟触发器

时钟触发器按逻辑功能一般分为五种:RS、D、JK、T、T′。它们的触发方式往往取决于该时钟触发器的结构,通常有三种不同的触发方式:电平触发(高电平触发、低电平触发);边沿触发(上升沿触发、下降沿触发);主从触发。本实验选用上升沿触发的 74LS74 双 D 功能的触发器和下降沿触发的 74LS112 双 JK 触发器,来验证 D 触发器和 JK 触发器的逻辑功能。

1)D 触发器 将 74LS74 集成电路芯片插入 IC 空插座中,其引脚排列如图 3-6-4 所示,按图 3-6-5 接线,其中 1D、$1\overline{R_d}$、$1\overline{S_d}$分别接逻辑开关 K_1、K_2、K_3,1CP 接单次脉冲,输出 1Q 和 $1\overline{Q}$ 分别接两只 LED 发光二极管。V_{CC}和 GND 接 5V 电源的“+”和“-”。

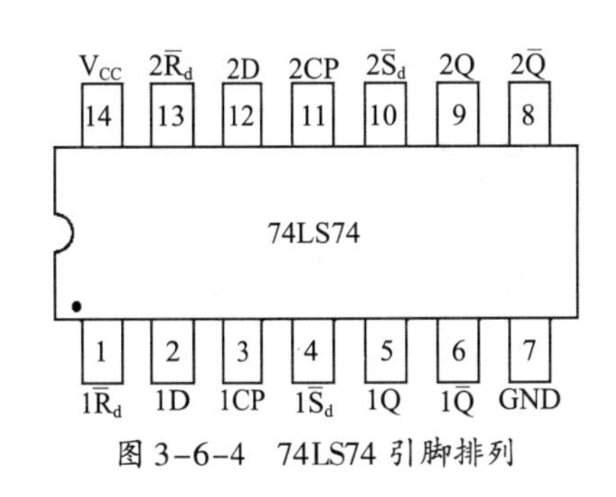

图 3-6-4　74LS74 引脚排列

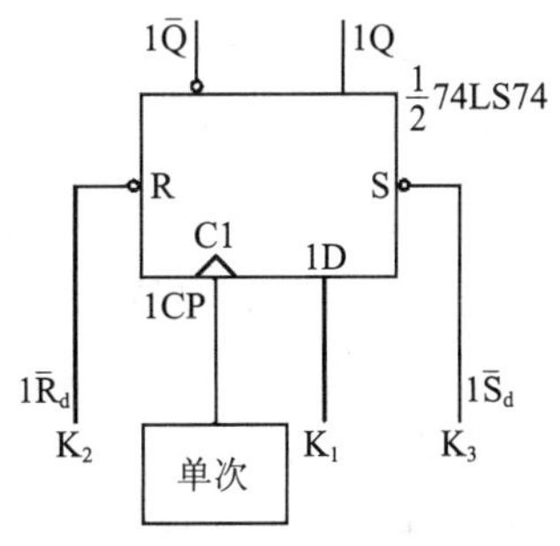

图 3-6-5　D 触发器电路

接通电源,按下列步骤验证 D 触发器的逻辑功能。

(1) 置 $1\overline{S_d}(K_3)=\mathbf{1}$,$1\overline{R_d}(K_2)=\mathbf{0}$,则 $Q=\mathbf{0}$;按动单次脉冲,Q 和 $\overline{Q}$ 状态不变,改变 1D(K_1),Q 和$\overline{Q}$仍不变。

(2) 置 $1\overline{S_d}(K_3)=\mathbf{0}$,$1\overline{R_d}(K_2)=\mathbf{1}$,则 $Q=\mathbf{1}$;按动单次脉冲或改变 1D(K_1),Q 和$\overline{Q}$状态不变。

(3) 置 $1\overline{S_d}(K_3)=\mathbf{1}$,$1\overline{R_d}(K_2)=\mathbf{1}$,若 1D($K_1$)$=\mathbf{1}$,按动单次脉冲,则 $Q=\mathbf{1}$;若 1D(K_1)$=\mathbf{0}$,按动单次脉冲,则 $Q=\mathbf{0}$。

(4) 把 1D 接到 K_1 的导线去掉,而把$\overline{Q}$和 1D 相连接,输入(按动)单次脉冲,Q 这时在脉冲上升沿时翻转,即 $Q^{n+1}=\overline{Q}$。

2) JK 触发器　将 74LS112 集成电路芯片插入 IC 空插座中,其引脚排列如图 3-6-6 所示。按图 3-6-7 接线,其中 $1\overline{R_d}$、$1\overline{S_d}$、1J、1K 分别接四只逻辑开关 K_1、K_2、K_3、K_4,1CP 接单次脉冲,Q 和$\overline{Q}$分别接 LED 发光二极管,V_{CC}和 GND 接 5V 电源的“+”和“−”。

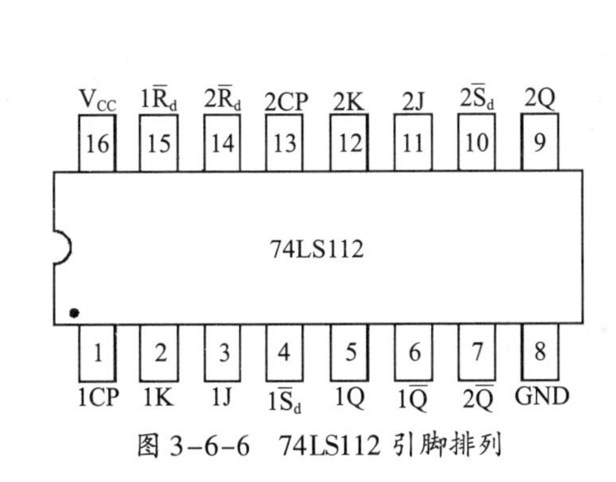

图 3-6-6　74LS112 引脚排列

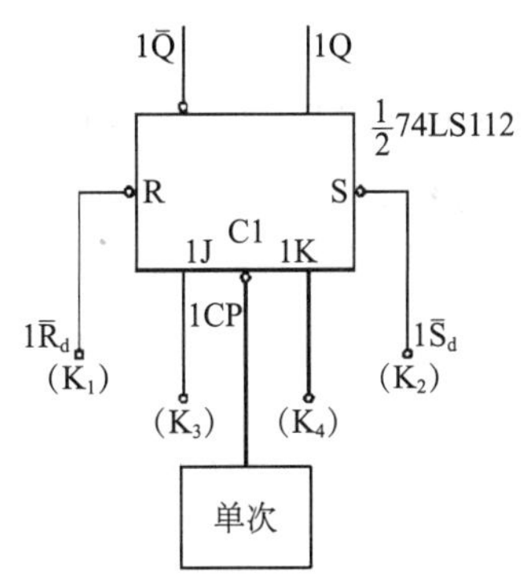

图 3-6-7　JK 触发器电路

接通电源,按下列步骤验证 JK 触发器的逻辑功能。

$1\overline{R_d}$和 $1\overline{S_d}$为直接置 **0** 和置 **1** 端,所以当 $1\overline{R_d}(K_1)=\mathbf{0}$、$1\overline{S_d}(K_2)=\mathbf{1}$ 时,$Q=\mathbf{0}$;当 $1\overline{R_d}(K_1)=\mathbf{1}$、$1\overline{S_d}(K_2)=\mathbf{0}$ 时,$Q=\mathbf{1}$。

当 $1\overline{R_d}$和 $1\overline{S_d}=\mathbf{1}$ 时,则分别置:

(1) 1J(K_3)$=\mathbf{0}$,1K(K_4)$=\mathbf{1}$,输入单次脉冲,则在 CP 下降沿时,Q 输出为 **0**。继续输入单次脉冲,Q 保持 **0** 不变。

(2) 1J(K_3)$=\mathbf{1}$,1K(K_4)$=\mathbf{0}$,输入单次脉冲,则在 CP 下降沿时,Q 输出为 **1**。继续输

入单次脉冲，Q 保持 **1** 不变。

（3） 1J(K_3) = **1**，1K(K_4) = **1**，输入单次脉冲，则在 CP 下降沿时，Q 输出翻转，$Q^{n+1}=\overline{Q}$。

（4） 1J(K_3) = **0**，1K(K_4) = **0**，输入单次脉冲，Q 状态不变，保持。

3. 触发器逻辑功能的转换

触发器逻辑功能的转换在实际应用中是经常用到的，比如 JK 功能的触发器转换成 D、RS、T、T′触发器，或 D 功能的触发器转换成 JK、RS、T、T′触发器，等等。图 3-6-8 列出几种触发器逻辑功能的转换。

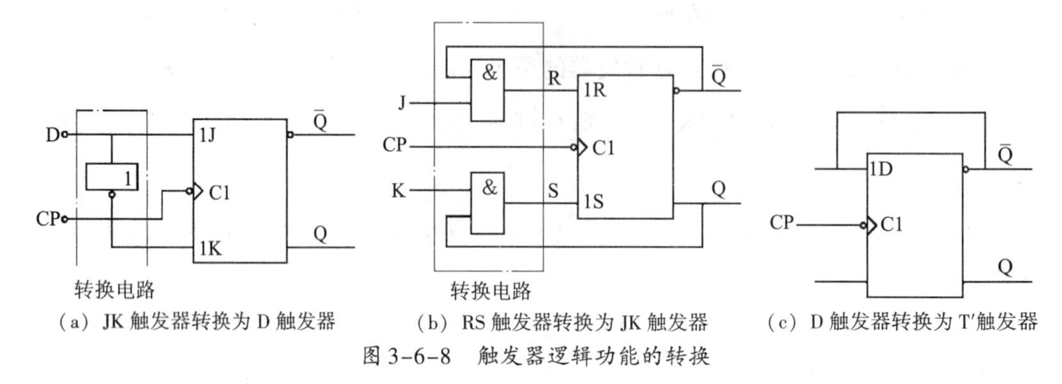

（a） JK 触发器转换为 D 触发器　（b） RS 触发器转换为 JK 触发器　（c） D 触发器转换为 T′触发器

图 3-6-8　触发器逻辑功能的转换

按图 3-6-8 分别进行接线，输入变量，观察它们的输出是否和要求转换的触发器功能表一致。如 JK 触发器转换为 D 触发器，在 J 端输入 **1** 或 **0**，在 CP 的作用下，其功能是否和 D 触发器功能一致。

三、实验思考

（1） 整理实验数据并进行分析总结。

（2） 自行设计用 JK 触发器构成分频器的电路。

（3） 由与非门组成的基本触发器实验中，当$\overline{S}$、$\overline{R}$同时由低变高时，Q 的状态有可能为 **1**，也可能为 **0**，这取决于两个与非门的延时传输时间，这一状态对触发器来说是不正常的，在使用中应尽量避免。

第七节　寄存器和移位寄存器

一、实验任务

（1） 验证寄存器和移位寄存器的功能。

（2） 熟悉移位寄存器的逻辑电路和工作原理。

二、实验指导

1. 寄存器

（1） 寄存器用于寄存一组二值代码。因为一个触发器能储存一位二值代码，所以用

N 个触发器组成的寄存器可以储存一组 N 位的二值代码。对于寄存器中的触发器，要求具有置 **1** 和置 **0** 的功能。

（2）分别将两个双 JK 触发器 74LS112 及两个二输入与门 74LS08 集成电路芯片插入 IC 空插座中，按图 3-7-1 所示电路接线。d_3、d_2、d_1、d_0 接逻辑开关，与门输出接四只 LED 发光二极管，四只触发器的清零端 $\overline{R_d}$ 相连接复位开关，写入脉冲端 CP 接单次脉冲，读出脉冲接逻辑开关。接好电源即可开始实验。

自行设置 d_3、d_2、d_1、d_0，清 **0** 后，按动单次脉冲，观察 Q_3、Q_2、Q_1、Q_0 的状态，再将读出开关（逻辑开关）置 **1**，就可观察到四只 LED 发光二极管亮或灭的状态，并找出输出与输入 d_3、d_2、d_1、d_0 的逻辑关系，验证寄存器的功能，将所得结果记录在自拟表格中。

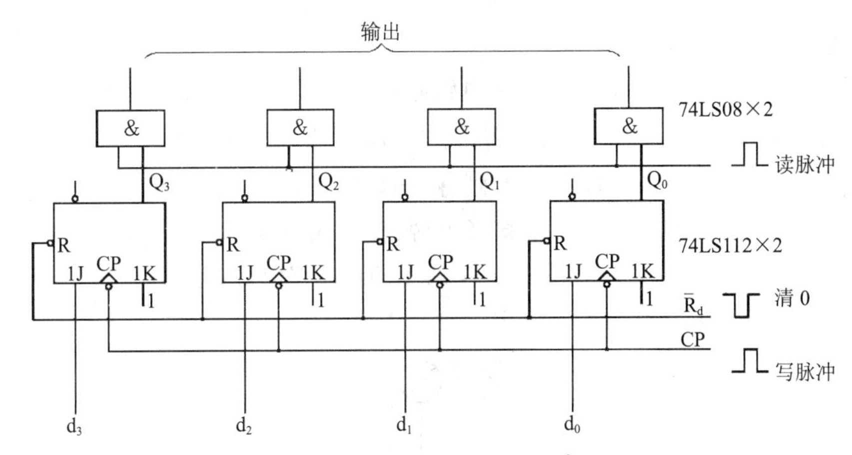

图 3-7-1　用 JK 触发器组成的四位寄存器电路

2. 移位寄存器

（1）移位寄存器除了具有存储代码的功能外，还具有移位的功能。移位功能是指寄存器里存储的代码，可以在移位脉冲的作用下依次左移或右移。因此，移位寄存器不仅可以寄存代码，还可以实现数据的串行与并行的转换、数据处理、数值的运算等。

（2）将两个双 D 触发器 74LS74 集成电路芯片插入 IC 空插座中，按图 3-7-2a 接线，接成数据左移的移位寄存器电路。接好电源即可开始实验。

预先置数为某种状态，然后输入移位脉冲。再置数，即把 Q_3、Q_2、Q_1、Q_0 置成相应状态，按动单次脉冲，移位寄存器实现左移功能。

（3）按图 3-7-2b 接线，方法类同（2），则完成数据右移的移位功能验证。

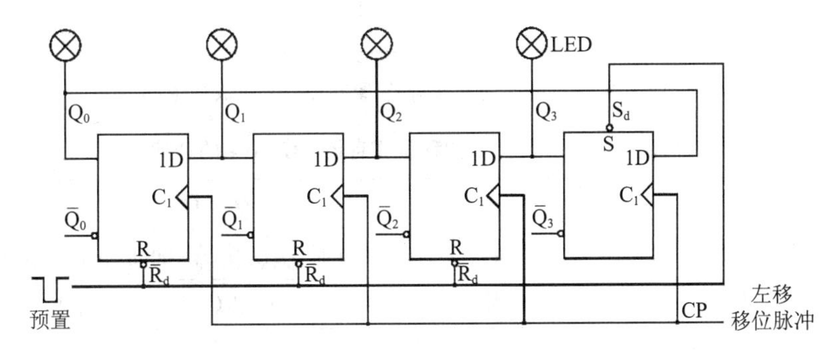

（a）数据左移

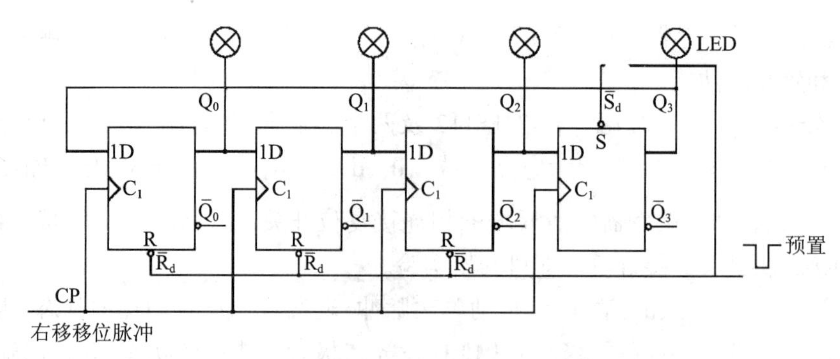

(b) 数据右移

图 3-7-2　用 D 触发器组成的四位移位寄存器电路

3. 集成移位寄存器

将双向移位寄存器 74LS194 的集成电路芯片插入 IC 空插座中,按图 3-7-3 接线,16 脚接+5V 电源,8 脚接地。输出端 Q_3、Q_2、Q_1、Q_0 接四只 LED 发光二极管。工作方式控制端 M_1、M_0 及清零端$\overline{CR}$分别接逻辑开关 K_1、K_2和复位开关,CP 端接单次脉冲,数据输入端 D_0、D_1、D_2、D_3分别接四只逻辑开关。接通电源,按照四位双向移位寄存器 74LS194 的功能表 3-7-1,输入相关数据,实现图 3-7-4 所示的双向移位寄存器 74LS194 右移、左移状态图,并将所得结果记录在自拟表格中。

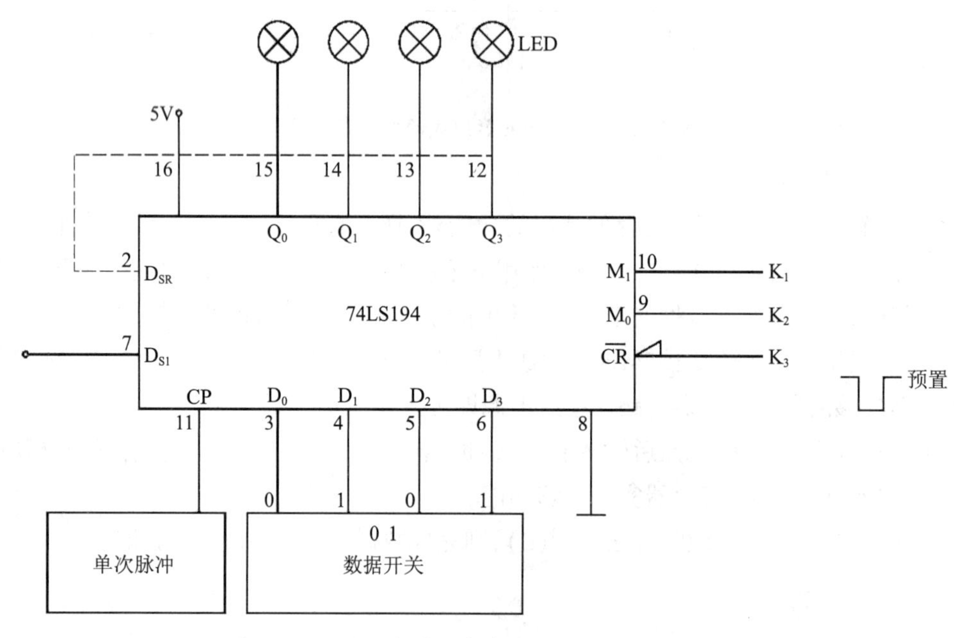

图 3-7-3　用双向移位寄存器 74LS194 组成的电路

表 3-7-1　四位双向移位寄存器 74LS194 的功能

CP	$\overline{CR}$	M_1	M_0	功能	$Q_3\quad Q_2\quad Q_1\quad Q_0$
×	**0**	×	×	清除	$\overline{CR}$ 为 **0** 时,$Q_3Q_2Q_1Q_0$ = **0000**,正常工作时,$\overline{CR}$置 **1**
↑	**1**	**1**	**1**	送数	$Q_3Q_2Q_1Q_0=D_3D_2D_1D_0$
↑	**1**	**0**	**1**	右移	$Q_3Q_2Q_1Q_0=D_{SR}Q_3Q_2Q_1$

（续表）

CP	$\overline{CR}$	M_1	M_0	功能	$Q_3\quad Q_2\quad Q_1\quad Q_0$
↑	1	1	0	左移	$Q_3Q_2Q_1Q_0=Q_2Q_1Q_0D_{SL}$
↑	1	0	0	保持	$Q_3Q_2Q_1Q_0=Q_3^nQ_2^nQ_1^nQ_0^n$
↓	1	×	×	保持	$Q_3Q_2Q_1Q_0=Q_3^nQ_2^nQ_1^nQ_0^n$

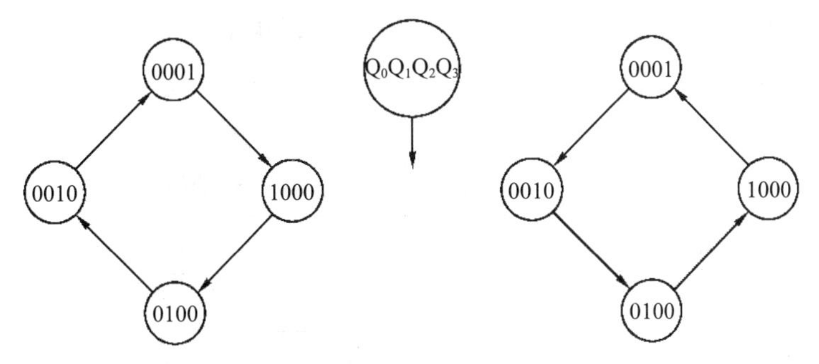

（a）数据右移状态图　　（b）数据左移状态图

图 3-7-4　双向移位寄存器 74LS194 右移、左移状态

三、实验思考

（1）数码寄存器和移位寄存器有什么区别?

（2）画出用两片 74LS194 接成八位双向移位寄存器的实验连接图。

（3）寄存器工作前为什么一定要清零?

（4）理解寄存器存放或取出数码的并行方式和串行方式。

（5）寄存器是如何应用于加法器的?

第八节　计数、译码和显示电路

一、实验任务

（1）掌握中规模集成计数器功能测试的方法及工作原理,学习用中规模集成计数器构成 N 进制计数器的方法。

（2）熟悉数字电路计数、译码和七段数码显示的工作原理,重点掌握各个控制输入端的作用。

二、实验指导

1. 计数器

在计算机和数字逻辑电路中,计数器是一个用于实现计数功能的基本时序部件。它不仅可以用来累计输入脉冲的数目并给出累计结果,还常常用作数字系统的定时、分频等逻辑部件。

计数器的种类有很多。按材料来分，有 TTL 型和 CMOS 型；按工作方式来分，有同步计数器和异步计数器；根据数制的不同，可分为二进制计数器、十进制计数器和 N 进制计数器；根据计数的增减趋势，又分为加法、减法和可逆计数器；另外还有可预置数和可编程的计数器等。关键在于合理地选用器件，灵活地使用器件的各种控制端和输入、输出端，运用各种方法来实现要求达到的功能。

74LS160 是由四个 D 触发器构成的、可预置数的同步十进制计数器，其功能有异步清零和与 CP 脉冲同步的置数。计数翻转时刻为 CP 计数脉冲的上升沿，计数时四个 D 触发器同步工作。由表 3-8-1 可见，74LS160 具有异步清零、同步置数、计数和保持四种功能，其引脚排列如图 3-8-1 所示。

表 3-8-1　同步十进制计数器 74LS160 功能

CP	$\overline{CR}$	$\overline{LD}$	CT_P	CT_T	工作状态
×	**0**	×	×	×	置零
↑	**1**	**0**	×	×	预置数
×	**1**	**1**	**0**	**1**	保持
×	**1**	**1**	×	**0**	保持(但 RC=**0**)
↑	**1**	**1**	**1**	**1**	计数

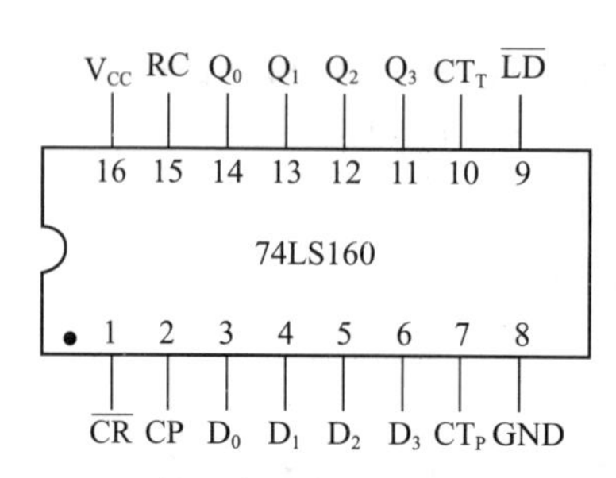

图 3-8-1　同步十进制计数器 74LS160 引脚排列

对于中规模集成计数器，通过在一片集成电路芯片外添加适当的反馈逻辑，即利用附加门电路将输出信号通过一定形式反馈至控制输入端，就可以实现器件最大计数模数内的任意进制的计数。改接方法采用复位法或置位法。复位法利用清零端进行反馈置 **0** 构成。通过反馈逻辑强制清零，因工作不太可靠而很少采用。置位法利用预置端构成，可以克服复位法的缺点。

试用单片可预置数的同步十进制计数器 74LS160 及其附加门电路，构成小于九进制的计数器。自行设计实验电路的接线图，并完成计数器的状态表，画出计数器的状态转换图及时序图。

2. BCD-七段译码器 74LS48

在数字仪表、计算机和其他数字系统中，要把测量数据和运算结果用十进制数显示出来。计数器将时钟脉冲的个数按四位二进制码输出后，必须通过译码器把这个二进制数码译成适用于用七段数码管显示的代码。74LS48 引脚排列如图 3-8-2 所示，其功能见表 3-8-2。

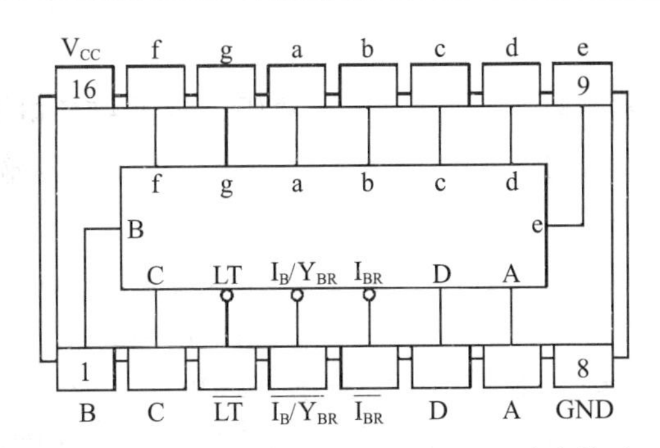

图 3-8-2　BCD-七段译码器 74LS48 引脚排列

表 3-8-2　BCD-七段译码器 74LS48 功能

输　入					输　出							
数字	*D*	*C*	*B*	*A*	*a*	*b*	*c*	*d*	*e*	*f*	*g*	字型
0	**0**	**0**	**0**	**0**	**1**	**1**	**1**	**1**	**1**	**1**	**0**	0
1	**0**	**0**	**0**	**1**	**0**	**1**	**1**	**0**	**0**	**0**	**0**	1
2	**0**	**0**	**1**	**0**	**1**	**1**	**0**	**1**	**1**	**0**	**1**	2
3	**0**	**0**	**1**	**1**	**1**	**1**	**1**	**1**	**0**	**0**	**1**	3
4	**0**	**1**	**0**	**0**	**0**	**1**	**1**	**0**	**0**	**1**	**1**	4
5	**0**	**1**	**0**	**1**	**1**	**0**	**1**	**1**	**0**	**1**	**1**	5
6	**0**	**1**	**1**	**0**	**0**	**0**	**1**	**1**	**1**	**1**	**1**	6
7	**0**	**1**	**1**	**1**	**1**	**1**	**1**	**0**	**0**	**0**	**0**	7
8	**1**	**1**	**1**	**0**	**1**	**1**	**1**	**1**	**1**	**1**	**1**	8
9	**1**	**1**	**1**	**1**	**1**	**1**	**1**	**0**	**0**	**1**	**1**	9

3. 七段数码管 LED(共阴极)LC5011

七段数码管 LED 有共阴极和共阳极两类。不同的数码管,要求配用与之相应的译码器/驱动器,共阴数码管配用有效输出为高电平的译码器/驱动器,共阳数码管配用有效输出为低电平的译码器/驱动器。图 3-8-3 所示为共阴极 LC5011 图形符号和内部电路。

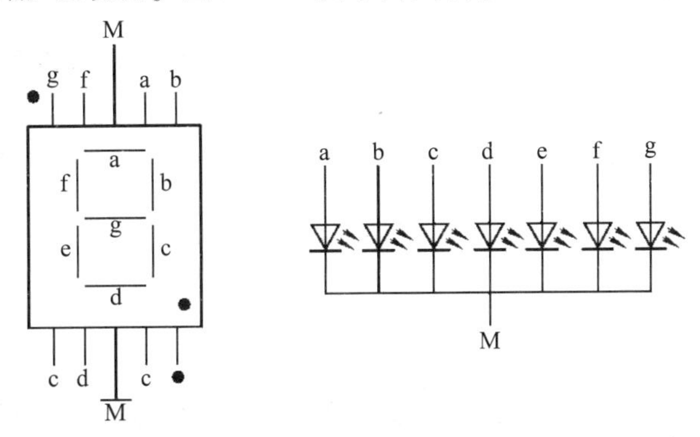

图 3-8-3　共阴极 LC5011 图形符号和内部电路

若选用共阴极数码管 LC5011,只要将 BCD-七段译码器/驱动器 74LS48 的输出端 a、b、c、d、e、f、g 直接接到数码管 LC5011 相应的输入引线上,便可根据 74LS48 输入的十进制数,显示相应的字符。

(1) 检查译码驱动器、显示器功能。接通数码显示器+5V 电源,把按四位二进制数变化的逻辑电平送入译码器的输入端,观察显示器显示的字符与输入逻辑电平的对应关系,并记录在自拟的表格中。

(2) 观察计数器功能。将计数器的输出端接译码器的输入端,再观察 LED 数码管所显示的逻辑电平,并记录在自拟的表格中。把 1kHz 的时钟信号作为时钟脉冲加到 CP 端,用双踪示波器同时观察 CP 脉冲波形和计数器输出端波形。为了记录各个波形相互间的相位关系,示波器除了用双踪显示外,还要有合适的扫描速度,使得屏幕上显示的波形有完整的周期。

(3) 拓展实验。用两片可预置的同步十进制计数器 74LS160,设计一个十二进制计数器,要求计数顺序是 0,2,…,11 的循环计数。电路设计连接好后,输入单次计数脉冲,并使用译码驱动器 74LS48 及 LED 七段数码管(共阴极)显示器 LC5011,显示计数顺序是否正确。

三、实验思考

(1) 如果设计一个十进制减法计数器,试问应选用何种电路?其使能端如何设置?

(2) 共阴极和共阳极数码管的内部结构有什么不同?分别用什么电平驱动?

(3) 总结二进制和二-十进制加法计数器的功能。

(4) 用计数器级联的方法可以构成多位计数状态,对于串行进位和并行进位两种方法,为什么后者比前者进位速度快得多?

第九节　集成 555 定时器

一、实验任务

(1) 了解集成 555 定时器的电路结构和各个引脚功能。

(2) 通过集成 555 定时器典型应用电路的实验,熟悉其基本功能、主要参数及电路的调试方法。

(3) 了解定时元件对输出振荡周期和脉冲宽度的影响,计算电路所需各参数的理论值。

二、实验指导

1. 集成 555 定时器

集成 555 定时器是一种模拟-数字混合型的中规模集成电路,按其工艺结构可分为双极型(NE555)和 CMOS 型(CC7555)两大类,结构和工作原理基本相似,引脚和功能也完全相同。TTL 型集成 555 定时器的电源电压为+5V,通常具有较大的驱动能力;而 CMOS 型集成定时器的电源电压为 3 ~ 18V,具有功耗低、输入阻抗高等优点。

集成 555 定时器功能见表 3-9-1，电路如图 3-9-1 所示，引脚排列如图 3-9-2 所示。

表 3-9-1　集成 555 定时器功能

$\overline{R}$	TH	$\overline{TR}$	Q^{n+1}	T	功能
0	X	X	**0**	导通	直接复位
1	$>2V_{DD}/3$	$>V_{DD}/3$	**0**	导通	置 **0**
1	$<2V_{DD}/3$	$<V_{DD}/3$	**1**	截止	置 **1**
1	$<2V_{DD}/3$	$>V_{DD}/3$	Q^n	不变	保持

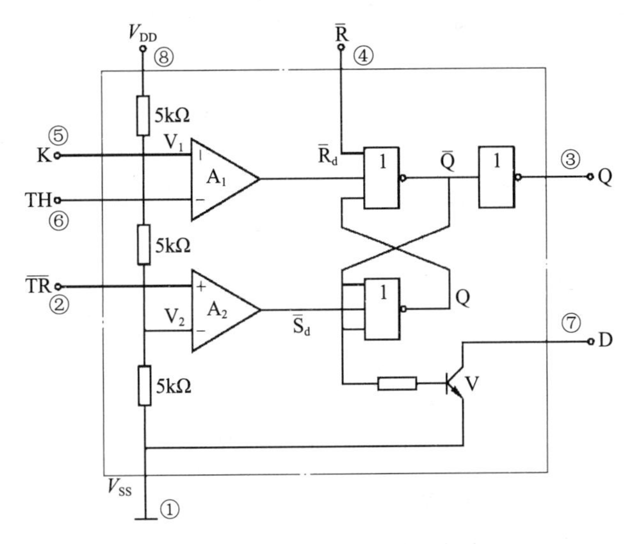

图 3-9-1　集成 555 定时器电路

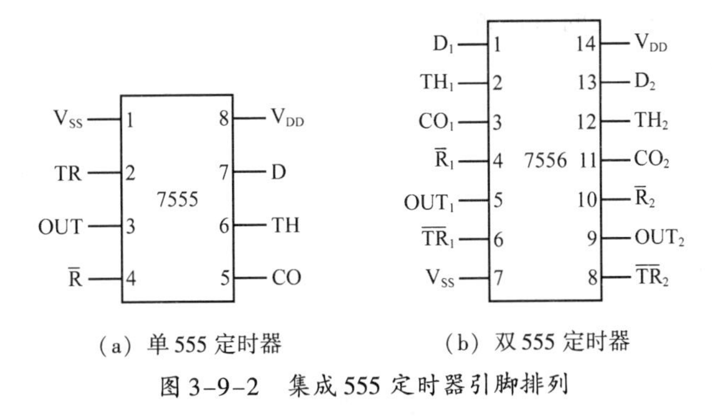

（a）单 555 定时器　　　　（b）双 555 定时器

图 3-9-2　集成 555 定时器引脚排列

2. 集成 555 定时器的典型应用

集成 555 定时器成本低，性能可靠，使用方便。利用集成 555 定时器，只需改变其引脚的连线，外接适当的电阻、电容元件，即可方便地组成单稳态触发器、自激多谐振荡器、施密特触发器、压控振荡器、分频电路等，或产生脉冲，或进行波形变换。它可广泛用于数字及模拟仪表、电子测量、自动控制及家用电器电路中。

集成 555 定时器最基本的应用（或者称其基本工作模式）只有三种：单稳态触发器、多谐振荡器和施密特触发器。此处，单稳态触发器不做介绍且不做实验。

1）自激多谐振荡器　与单稳态触发器相比，多谐振荡器没有稳定状态，只有两个暂稳态，而且不需要外来触发脉冲的触发。只要接通供电电源，电路输出就能在“**1**”和“**0**”状态之间自动交替翻转，使两个暂稳态轮流出现，从而输出一定频率的矩形脉冲信号（自激振荡）。因为矩形波含有丰富的谐波，故称为多谐振荡器。

用 555 定时器和外接电阻 R_1、R_2、电容 C 构成的自激多谐振荡器如图 3-9-3a 所示；2 脚和 6 脚并联后，靠闭合回路的延迟负反馈作用自激发而产生多谐振荡。自激多谐振荡器的工作波形如图 3-9-3b 所示，可以观测到由输入的模拟电压波形转换到输出的数字电压波形。

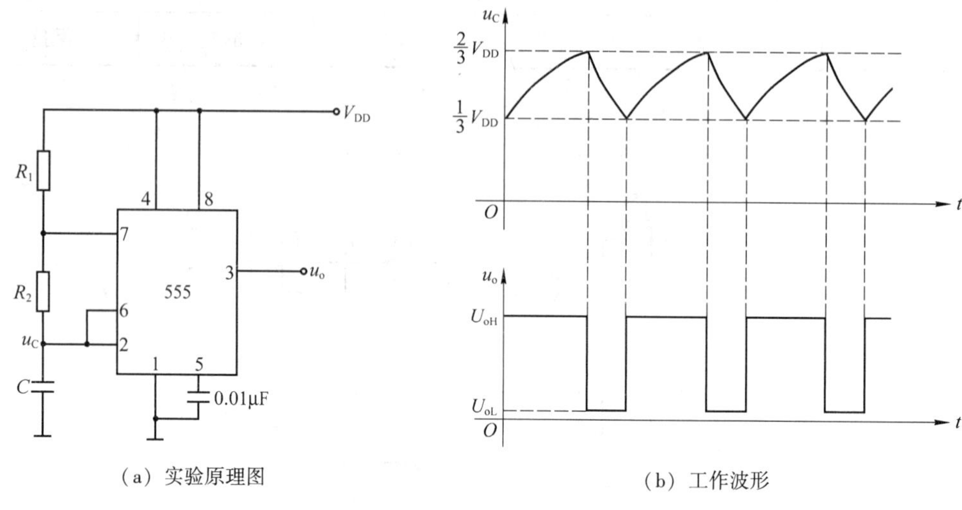

（a）实验原理图　　（b）工作波形

图 3-9-3　自激多谐振荡器实验原理图及工作波形

外接电容 C 通过电阻 R_1、R_2 充电，再通过 R_2 放电。在这种工作模式中，电容 C 在 $V_{DD}/3$ 和 $2V_{DD}/3$ 之间充电和放电，输出振荡波形。多谐振荡器是一种常用的矩形波发生器，触发器和时序电路中的时钟脉冲一般是由它产生的。

充电时间（输出高电平）

$$T_1 = (R_1 + R_2)C\ln\frac{V_{DD} - V_{T-}}{V_{DD} - V_{T+}}$$
$$= (R_1 + R_2)C\ln 2$$

放电时间（输出低电平）

$$T_2 = R_2 C\ln\frac{0 - V_{T+}}{0 - V_{T-}}$$
$$= R_2 C\ln 2$$

振荡周期

$$T = T_1 + T_2 = (R_1 + 2R_2)C\ln 2$$

振荡频率

$$f = \frac{1}{T} = \frac{1}{(R_1 + 2R_2)C\ln 2}$$

按图 3-9-3a 接线，用双踪示波器观察并记录 u_C、u_o 的同步波形，标出幅值和振荡周期。

2）施密特触发器　施密特触发器是特殊的门电路，它能适应边沿非常迟钝的输入信号，带负载能力较强，具有门槛电平温度补偿特性及回差电压温度补偿特性，有较强的抗干扰能力。施密特触发器常用作波形整形电路，用在 TTL 系统的接口，可将缓慢变化的正弦信号或非理想矩形波转换成符合 TTL 系统要求的脉冲波形。图 3-9-4 所示是施密特触发器实验原理图、工作波形及电压传输特性。

设被变换的电压为正弦波，其正半周通过二极管同时加到555定时器的2脚和6脚，u_i 为半波整流电压波形。从图 3-9-4b 所示的 u_i、u_o 工作波形可见，当 u_i 上升到 $2V_{DD}/3$ 时，u_o 从高电平变为低电平；当 u_i 下降到 $V_{DD}/3$ 时，u_o 又从低电平变为高电平。可见，施密特触发器的上限阈值电平 U_{T+}（接通电位）为 $2V_{DD}/3$，下限阈值电平 U_{T-}（断开电位）为 $V_{DD}/3$，显然，回差电压为 $V_{DD}/3$。

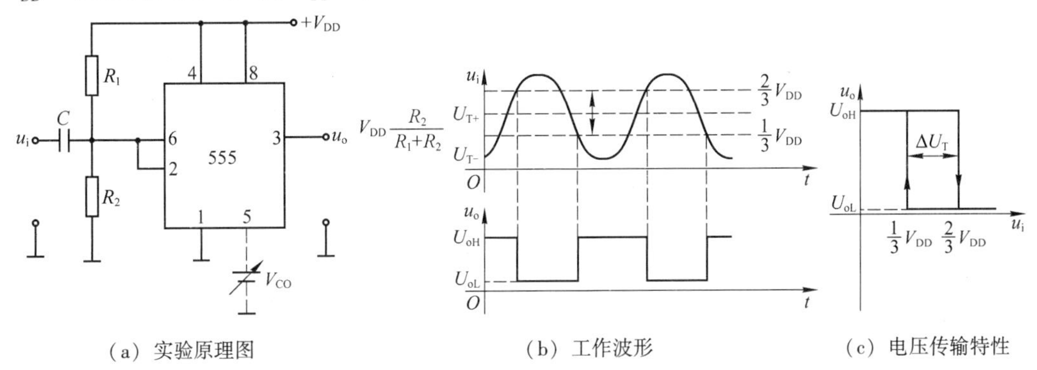

（a）实验原理图　　（b）工作波形　　（c）电压传输特性

图 3-9-4　施密特触发器实验原理图、工作波形及电压传输特性

按图 3-9-4a 接线，输入信号 u_i 由信号源提供，并预先调节好 u_i 的频率为 1kHz，V_{DD} 接+5V 电源。用示波器观察和监视 u_i 的波形变化，逐渐加大 u_i 幅值直至其峰-峰值为5V左右。用双踪示波器观察并记录 u_i、u_o 工作波形，标示出 u_i 的幅值，上限阈值电平 U_{T+}，下限阈值电平 U_{T-}，回差电压。

三、实验思考

（1）集成555定时器5脚的作用是什么？不用时为什么要对地串联一个 0.01μF 的电容？

（2）集成555定时器4脚的作用是什么？工作情况下4脚应接何种电平？

（3）在施密特触发器实验中，为使输出电压 u_o 为方波，输入电压 u_i 的峰-峰值至少为多少？

（4）定量画出实验所要求记录的各点电压波形，讨论定时元件对电压输出波形的影响。

（5）集成555定时器在高低电平转换瞬间，电流最大可达 350mA 以上，易引起电源干扰。实验电路中应对电源加高频去耦电容。

（6）学会用示波器观察施密特触发器的电压传输特性。

实验名称__________________________________

学院____________________班级_______________专业_______________

姓名____________同组者姓名____________实验时间__________成绩_____

第四章　数字电子技术基础实验仿真

第一节　基本逻辑门电路逻辑功能的研究

一、实验任务

研究基本逻辑门电路的逻辑功能。

二、选用器件

实验仿真元件及其对应名称见表 4-1-1。

表 4-1-1　实验仿真元件及其对应名称

Devices(元件)	Category(类)	Sub-category(子类)	备　注
74LS08	TTL 74LS series	Gates & Inverters	与门
74LS32	TTL 74LS series	Gates & Inverters	或门
74LS04	TTL 74LS series	Gates & Inverters	非门
74LS00	TTL 74LS series	Gates & Inverters	与非门
74LS02	TTL 74LS series	Gates & Inverters	或非门
74LS86	TTL 74LS series	Gates & Inverters	异或门
74LS266	TTL 74LS series	Gates & Inverters	同或门
LOGICPROBE	Debugging Tools	Logic Probes	逻辑探针
LOGICSTATE	Debugging Tools	Logic Stimuli	逻辑状态显示(发生)器

三、逻辑门电路

在数字电路中,门电路是最基本的逻辑单元。所谓“门”,实际上就是一种条件开关电路,在一定的条件下它允许信号通过,条件不满足时信号就无法通过。由于门电路的输出信号与输入信号之间存在一定逻辑关系,故又称逻辑门电路。TTL 逻辑门电路主要有与门 74LS08、或门 74LS32、非门 74LS04、与非门 74LS00、或非门 74LS02、异或门 74LS86、同或门 74LS266 等。

四、构建仿真电路

双击快捷键“ISIS 7 Professional”，打开 Proteus 仿真应用程序，编辑界面如图 4-1-1 所示。

图 4-1-1　编辑界面

（1）元件拾取。单击“Component Mode”（拾取元器件），再单击“Pick from Libraries”（从元件库中拾取）。进入元件选择窗口“Pick Devices”（元件拾取）对话框，如图 4-1-2 所示。

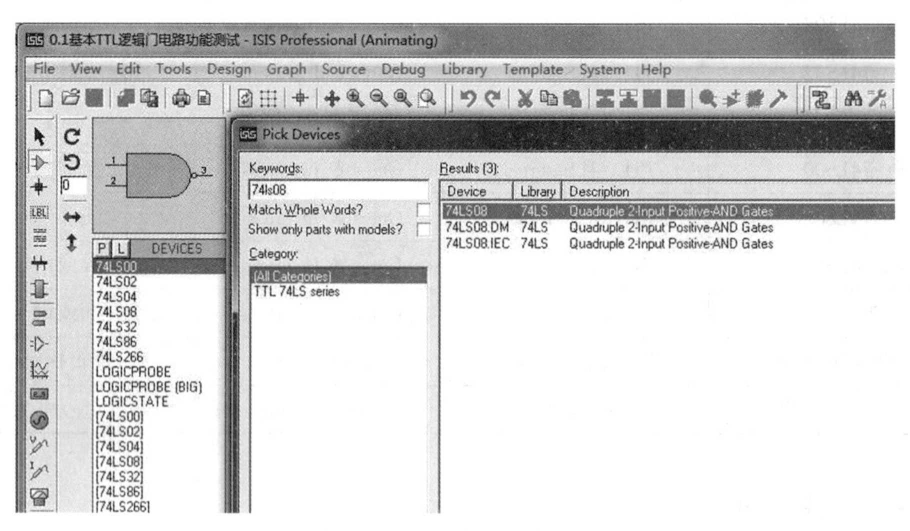

图 4-1-2　元件拾取对话框

在对话框“Keywords”栏中输入 74LS08（与门），在“Results”（查找结果）中选出需要的元件，双击该元件，便可把该元件添加到编辑界面的对象选择器中。

用上述方法，依次把元件清单中的元件添加到编辑界面的对象选择器中。图形编辑窗口如图 4-1-3 所示。

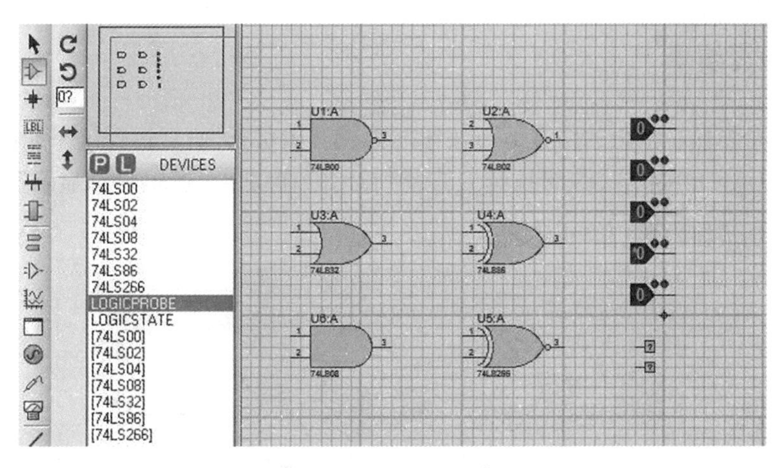

图 4-1-3　图形编辑窗口

(2) 放置元件。鼠标左键单击对象选择窗口中的 74LS08 元件,将鼠标移动到图形编辑窗口再次单击鼠标左键,此时鼠标左键会变成所选元件形状,选择元件放置的位置,再次点击鼠标左键,放置元件。

(3) 移动元件。在编辑区的元件上单击鼠标左键选中元件(为红色),鼠标放到该元件上按住鼠标左键不放,拖动鼠标到合适位置松开鼠标左键即可改变元件位置。

(4) 删除元件。在编辑区的元件上单击鼠标左键选中元件(为红色),鼠标放到该元件上继续单击鼠标右键,即可弹出快捷操作键,单击 Delete Object 删除元件。

用上述方法,在图形编辑窗口中放置好各元件。

(5) 连线。将鼠标移动到元件接线端,鼠标会变成绿色的小笔。用鼠标左键单击编辑区元件(该元件不能在选中的状态下,即不为红色)的一个端点,移动鼠标,此时在笔端和接线端会有一条线相连,拖动到要连接的另一个元件的端点,再次单击即完成一根连线。要删除一根连线,右键双击连线即可。完成的仿真电路如图 4-1-4 所示。

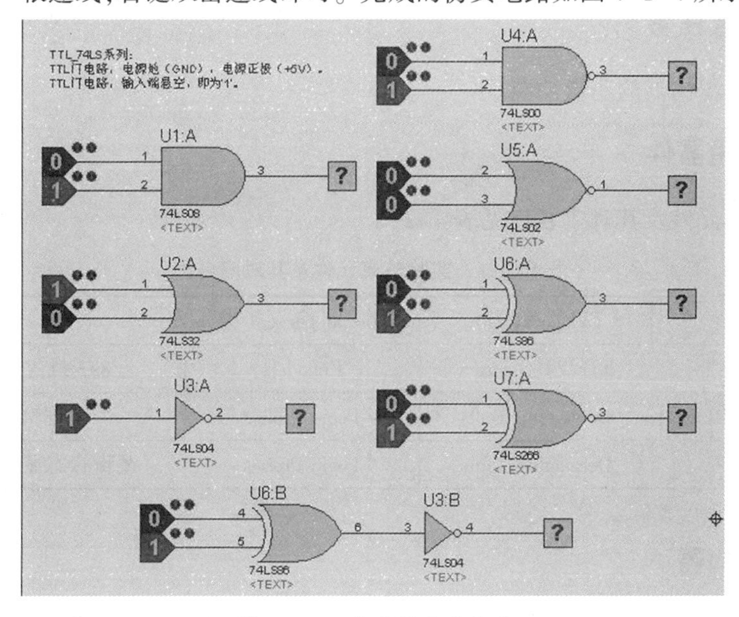

图 4-1-4　完成的仿真电路

五、仿真结果

单击编辑界面左下角的仿真运行按钮[▶]开始仿真，仿真运行结果如图 4-1-5 所示。单击“LOGICPROBE”（逻辑探针），观察“LOGICSTATE”（逻辑状态显示器）的逻辑电平。单击停止按钮[■]停止仿真。

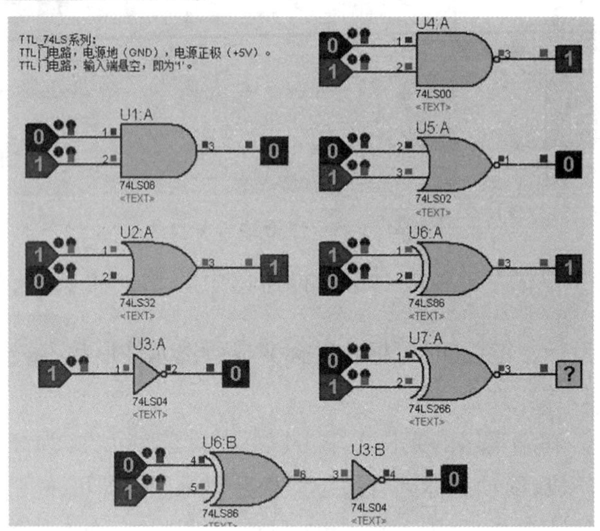

图 4-1-5　仿真结果

第二节　优先编码器逻辑功能的研究

一、实验任务

研究优先编码器的逻辑功能。

二、选用器件

实验仿真元件及其对应名称见表 4-2-1。

表 4-2-1　实验仿真元件及其对应名称

Devices（元件）	Category（类）	Sub-category（子类）	备　　注
74LS148	TTL 74LS series	Encoders	8/3 线优先编码器
LOGICPROBE	Debugging Tools	Logic Probes	逻辑探针
LOGICSTATE	Debugging Tools	Logic Probes	逻辑状态显示（发生）器

三、编码器

编码器是一种常用的组合逻辑电路，其功能是实现编码操作，即用若干个按逻辑

“**0**”和“**1**”规律编排的代码(二进制数)来代表某种特定的含义。按照被编码信号的不同特点和要求,编码器一般可以分为二进制编码器、二-十进制编码器和优先编码器。

二进制编码器是将某种信号或对象编成二进制代码的电路,例如 4/2 线编码器、8/3 线编码器。

二-十进制编码器是将十进制的十个数码 0 ~ 9 编成二进制代码的电路。输入是 0 ~ 9 共十个数码,输出的是对应的二进制代码,这二进制代码又称二-十进制代码,简称 BCD 码。例如 10/4 线优先编码器 74LS147,实物如图 4-2-1 所示,引脚排列如图 4-2-2 所示。

图 4-2-1 74LS147 实物

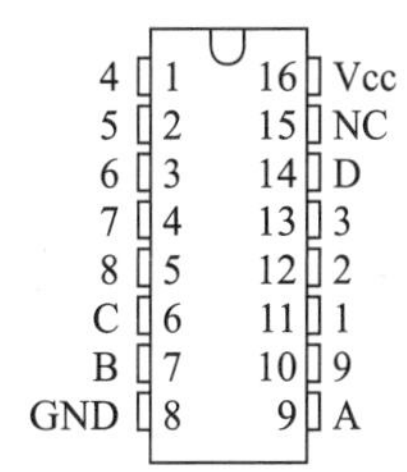

图 4-2-2 74LS147 引脚排列

一般编码器每次只允许一个输入端上有信号,而实际上经常出现多个输入端上同时有信号的情况。这就要求系统能自动识别输入信号的优先级别,即需要优先编码。例如 8/3 线优先编码器 74LS148,实物如图 4-2-3 所示,引脚排列如图 4-2-4 所示。

图 4-2-3 74LS148 实物

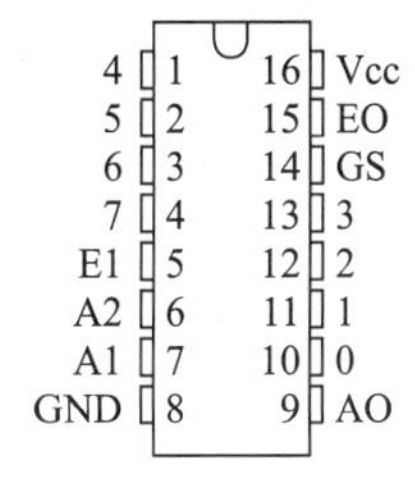

图 4-2-4 74LS148 引脚排列

四、构建仿真电路(8/3 线优先编码器 74LS148)

双击快捷键“ISIS 7 Professional”,打开 Proteus 仿真应用程序,编辑界面如图 4-2-5 所示。

(1) 元件拾取。单击“Component Mode”(拾取元器件),再单击“Pick from Libraries”(从元件库中拾取)。进入元件选择窗口“Pick Devices”(元件拾取)对话框,如图 4-2-6 所示。

在对话框“Keywords”栏中输入 74LS148(8/3 线优先编码器),在“Results”(查找结果)中选出需要的元件,双击该元件,便可把该元件添加到编辑界面的对象选择器中。

用上述方法,依次把元件清单中的元件添加到编辑界面的对象选择器中。图形编辑窗口如图 4-2-7 所示。

(2) 放置元件。鼠标左键单击对象选择窗口中的 74LS148 元件,将鼠标移动到图形

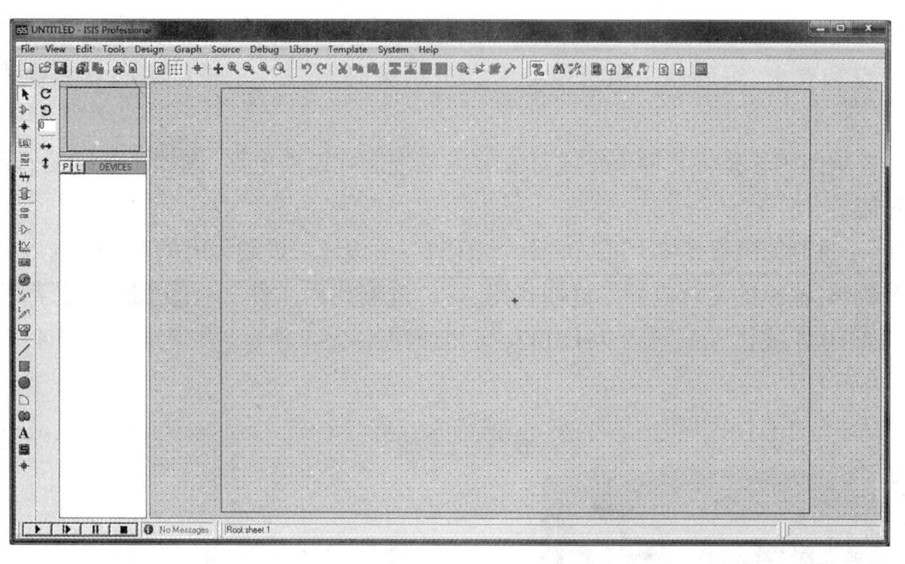

图 4-2-5　编辑界面

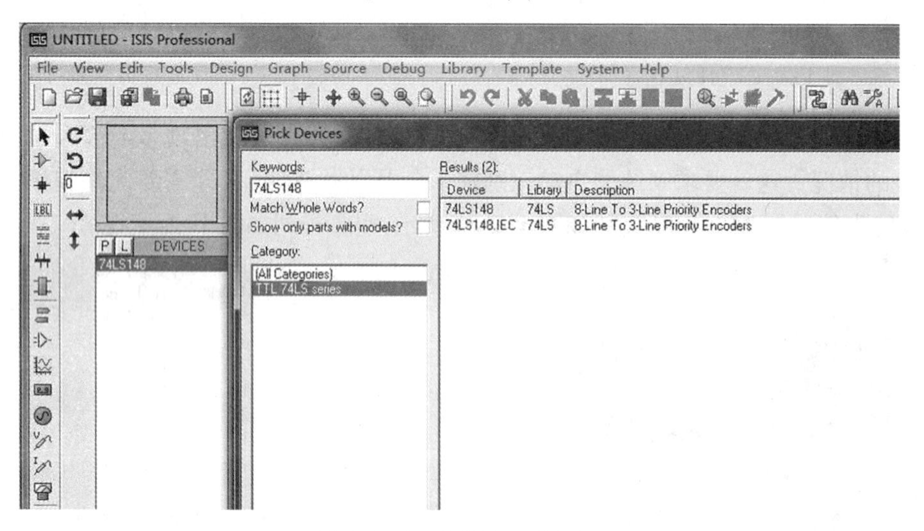

图 4-2-6　元件拾取对话框

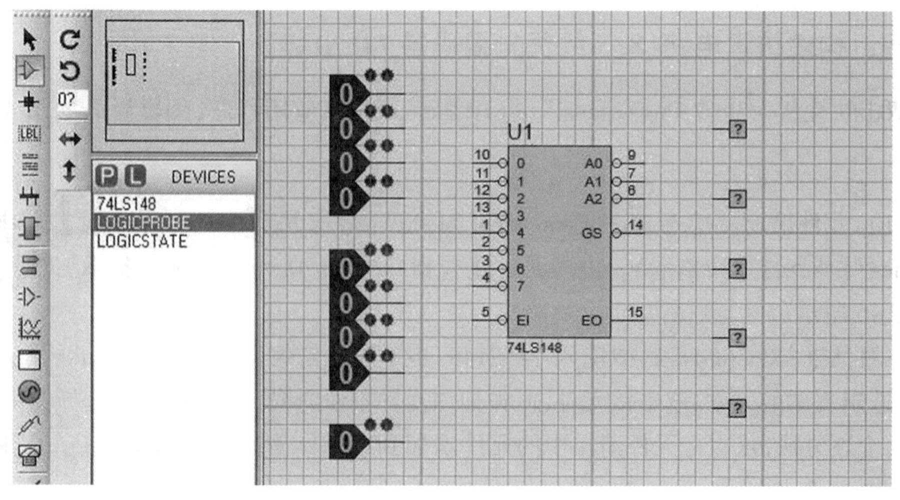

图 4-2-7　图形编辑窗口

编辑窗口再次单击鼠标左键，此时鼠标左键会变成所选元件形状，选择元件放置的位置，再次点击鼠标左键，放置元件。

(3) 移动元件。在编辑区的元件上单击鼠标左键选中元件(为红色)，鼠标放到该元件上按住鼠标左键不放，拖动鼠标到合适位置松开鼠标左键即可改变元件位置。

(4) 删除元件。在编辑区的元件上单击鼠标左键选中元件(为红色)，鼠标放到该元件上继续单击鼠标右键，即可弹出快捷操作键，单击 Delete Object 删除元件。

用上述方法，在图形编辑窗口中放置好各元件。

(5) 连线。将鼠标移动到元件接线端，鼠标会变成绿色的小笔。用鼠标左键单击编辑区元件(该元件不能在选中的状态下，即不为红色)的一个端点，移动鼠标，此时在笔端和接线端会有一条线相连，拖动到要连接的另一个元件的端点，再次单击即完成一根连线。要删除一根连线，右键双击连线即可。完成的仿真电路如图4-2-8所示。

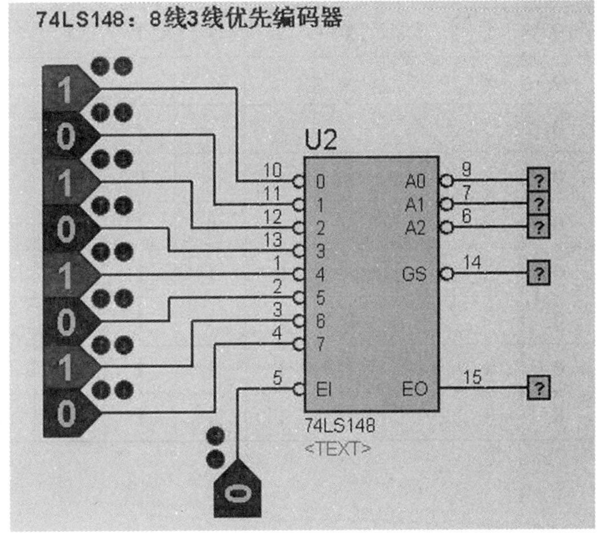

图4-2-8　完成的仿真电路

五、仿真结果

单击编辑界面左下角的仿真运行按钮开始仿真，仿真运行结果如图4-2-9所示，试完成表4-2-2所列的74LS148逻辑功能表。单击“LOGICPROBE”(逻辑探针)，观

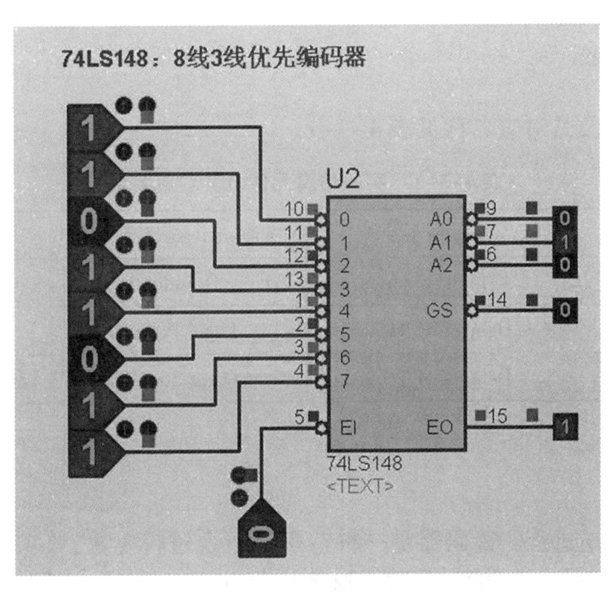

图4-2-9　仿真结果

察“LOGICSTATE”(逻辑状态显示器)的逻辑电平。单击停止按钮■停止仿真。

表 4-2-2　74LS148 逻辑功能

输入									输出				
E1	0	1	2	3	4	5	6	7	QA	QB	QC	GS	EO
1	×	×	×	×	×	×	×	×	**1**	**1**	**1**	**1**	**1**
0	**1**	**1**	**1**	**1**	**1**	**1**	**1**	**1**					
0	×	×	×	×	×	×	×	**0**					
0	×	×	×	×	×	×	**0**	**1**					
0	×	×	×	×	×	**0**	**1**	**1**					
0	×	×	×	×	**0**	**1**	**1**	**1**					
0	×	×	×	**0**	**1**	**1**	**1**	**1**					
0	×	×	**0**	**1**	**1**	**1**	**1**	**1**					
0	×	**0**	**1**	**1**	**1**	**1**	**1**	**1**					
0	**0**	**1**	**1**	**1**	**1**	**1**	**1**	**1**					

第三节　译码器逻辑功能的研究

一、实验任务

研究译码器的逻辑功能。

二、选用器件

实验仿真元件及其对应名称见表 4-3-1。

表 4-3-1　实验仿真元件及其对应名称

Devices(元件)	Category(类)	Sub-category(子类)	备　注
74LS139	TTL 74LS series	Decoders	2/4 线译码器
LOGICPROBE	Debugging Tools	Logic Probes	逻辑探针
LOGICSTATE	Debugging Tools	Logic Stimuli	逻辑状态显示(发生)器

三、译码器

译码是编码的逆过程。译码器是一种常用的组合逻辑电路,其功能是将输入的具有特定意义的二进制代码,按编码的含义“翻译”成对应的信号或二进制数码输出。译码器按用途一般可分为二进制译码器、码制变换译码器和显示译码器三类。

二进制译码器是把输入的一组二进制代码,译成高电平“**1**”或低电平“**0**”表示的输出信号。例如 2/4 线译码器 74LS139,实物如图 4-3-1 所示,引脚排列如图 4-3-2 所示。

图 4-3-1 74LS139 实物

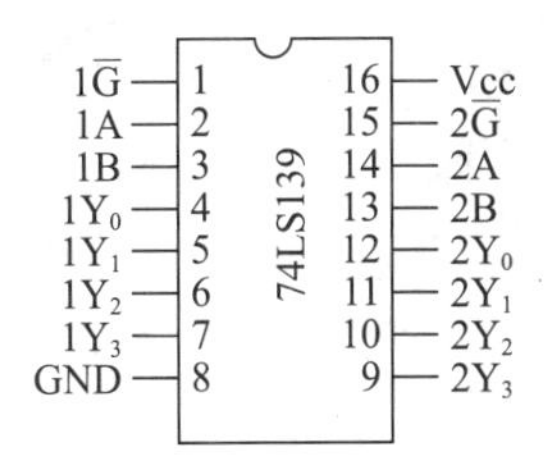

图 4-3-2 74LS139 引脚排列

显示译码器的作用是驱动各种数字显示器,它能够把“8421”二-十进制代码译成能够显示出来的十进制数。常用的显示器件有半导体数码管(LED)、液晶数码管和荧光数码管等。其中半导体数码管又分为共阴极和共阳极两种类型。例如共阴数码管译码器/驱动器 74LS48(或 74LS248)、共阳数码管译码器/驱动器 74LS47(或 74LS247)。

BCD-七段译码器/驱动器 74LS48(或 74LS248),能将四位 8421BCD 码译成七段(a、b、c、d、e、f、g)输出,直接驱动数码显示器 LED,显示输入的十进制数。74LS48 不仅能将 BCD 码译码输出,而且对于多余的状态也给出具体的显示。另外,器件本身还可以进行功能的测试。

四、构建仿真电路(2/4 线译码器 74LS139)

双击快捷键“ISIS 7 Professional”,打开 Proteus 仿真应用程序,编辑界面如图 4-3-3 所示。

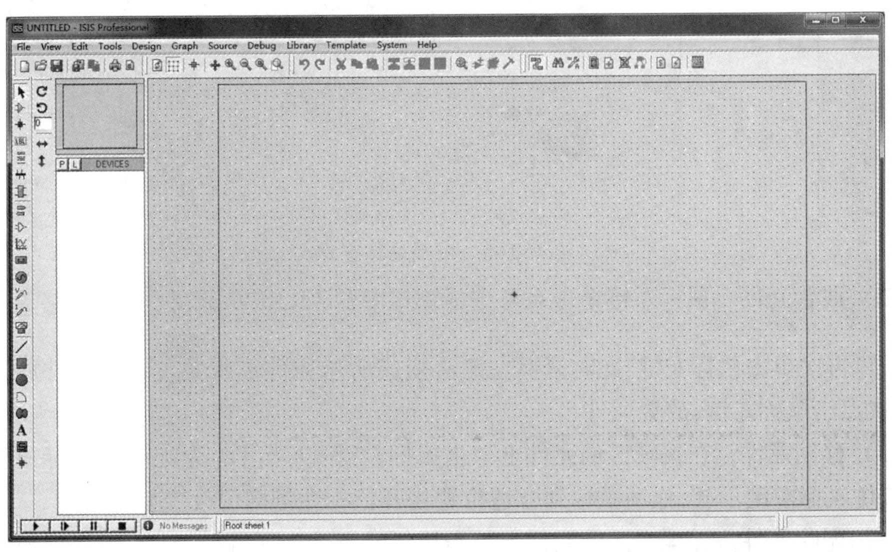

图 4-3-3 编辑界面

(1) 元件拾取。单击“Component Mode”(拾取元器件),再单击“Pick from Libraries”(从元件库中拾取)。进入元件选择窗口“Pick Devices”(元件拾取)对话框,如图 4-3-4 所示。

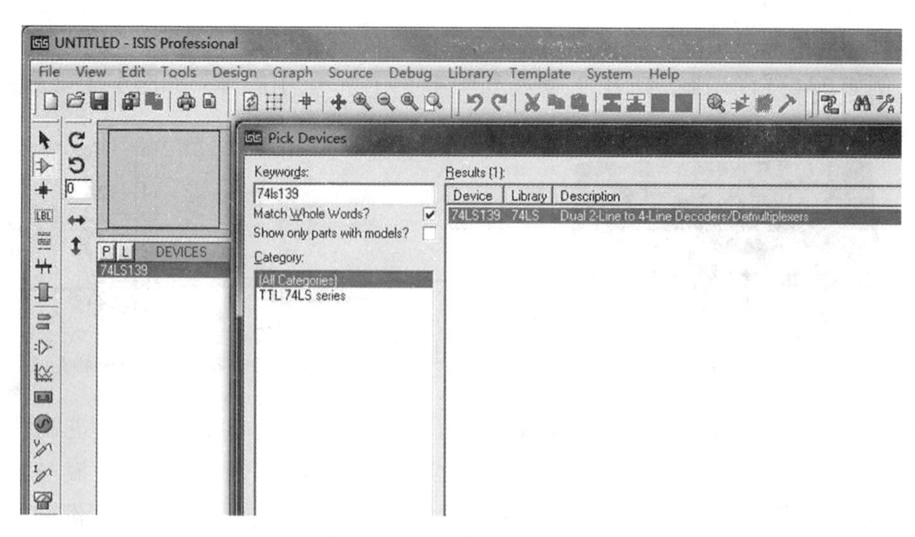

图 4-3-4　元件拾取对话框

在对话框“Keywords”栏中输入 74LS139(2/4 线译码器),在“Results”(查找结果)中选出需要的元件,双击该元件,便可把该元件添加到编辑界面的对象选择器中。

用上述方法,依次把元件清单中的元件添加到编辑界面的对象选择器中。图形编辑窗口如图 4-3-5 所示。

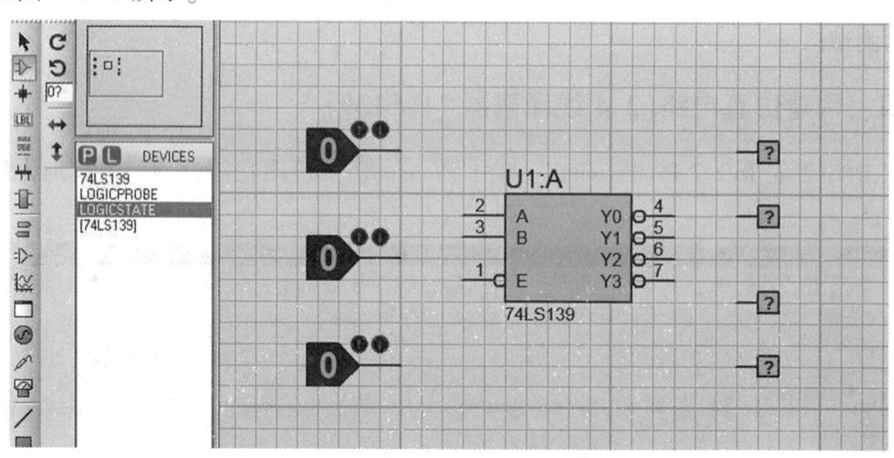

图 4-3-5　图形编辑窗口

(2) 放置元件。鼠标左键单击对象选择窗口中的 74LS139 元件,将鼠标移动到图形编辑窗口再次单击鼠标左键,此时鼠标左键会变成所选元件形状,选择元件放置的位置,再次点击鼠标左键,放置元件。

(3) 移动元件。在编辑区的元件上单击鼠标左键选中元件(为红色),鼠标放到该元件上按住鼠标左键不放,拖动鼠标到合适位置松开鼠标左键即可改变元件位置。

(4) 删除元件。在编辑区的元件上单击鼠标左键选中元件(为红色),鼠标放到该元件上继续单击鼠标右键,即可弹出快捷操作键。单击 Delete Object 删除元件。

用上述方法,在图形编辑窗口中放置好各元件。

(5) 连线。将鼠标移动到元件接线端,鼠标会变成绿色的小笔。用鼠标左键单击编辑区元件(该元件不能在选中的状态下,即不为红色)的一个端点,移动鼠标,此时在笔端和接线端会有一条线相连，拖动到要连接的另一个元件的端点，再次单击即完成一根连线。要删除一根连线，右键双击连线即可。完成的仿真电路如图 4-3-6 所示。

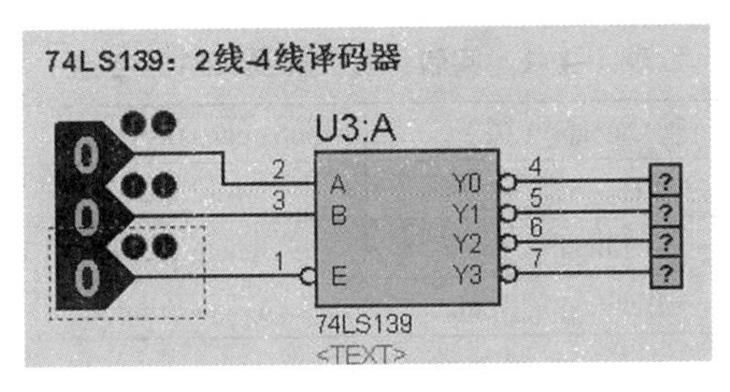

图 4-3-6　完成的仿真电路

五、仿真结果

单击编辑界面左下角的仿真运行按钮开始仿真，仿真运行结果如图 4-3-7 所示，试完成表 4-3-2 所列的 74LS139 逻辑功能表。单击“LOGICPROBE”（逻辑探针），观察“LOGICSTATE”（逻辑状态显示器）的逻辑电平。单击停止按钮停止仿真。

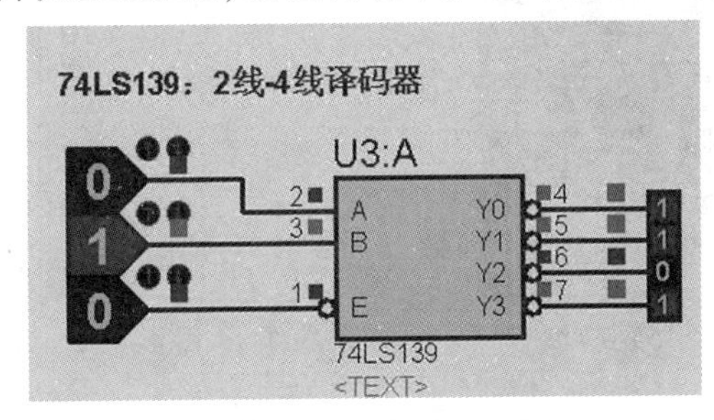

图 4-3-7　仿真结果

表 4-3-2　74LS139 逻辑功能

输　入			输　出			
E	B	A	Y0	Y1	Y2	Y3
1	×	×	1	1	1	1
0	0	0				
0	0	1				
0	1	0				
0	1	1				

第四节　数据选择器逻辑功能的研究

一、实验任务

研究数据选择器的逻辑功能。

二、选用器件

实验仿真元件及其对应名称见表 4-4-1。

表 4-4-1　实验仿真元件及其对应名称

Devices(元件)	Category(类)	Sub-category(子类)	备　　注
74LS153	TTL 74LS series	Multiplexers	数据选择器
LOGICPROBE	Debugging Tools	Logic probes	逻辑探针
LOGICSTATE	Debugging Tools	Logic Stimuli	逻辑状态显示(发生)器

三、数据选择器

数据选择器的功能就是能够从一组输入数据中选择一个作为输出。74LS153 数据选择器包含两个完全相同的 4 选 1 数据选择器,其实物如图 4-4-1 所示,引脚排列图如图 4-4-2 所示。两个数据选择器有公共的地址输入端,而数据的输入端和输出端是各自独立的。通过给定不同的地址代码,即可从 4 个输入数据中选出所需要的一个,并送至输出端。

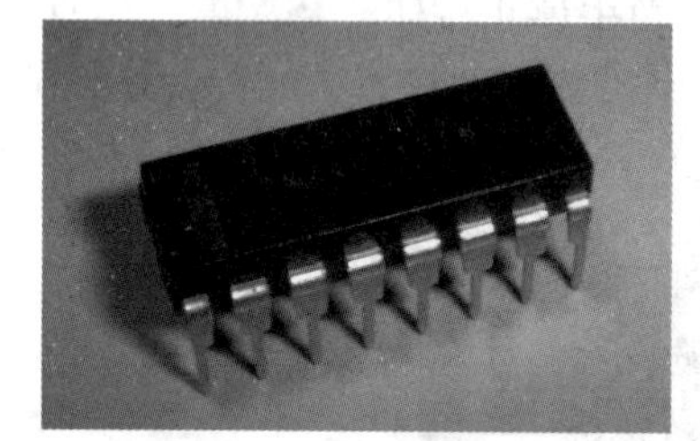

图 4-4-1　74LS153 实物

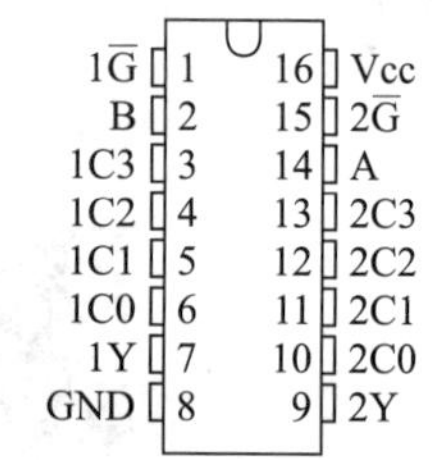

图 4-4-2　74LS153 引脚排列

四、构建仿真电路(双 4 选 1 数据选择器 74LS153)

双击快捷键“ISIS 7 Professional”,打开 Proteus 仿真应用程序,编辑界面如图 4-4-3 所示。

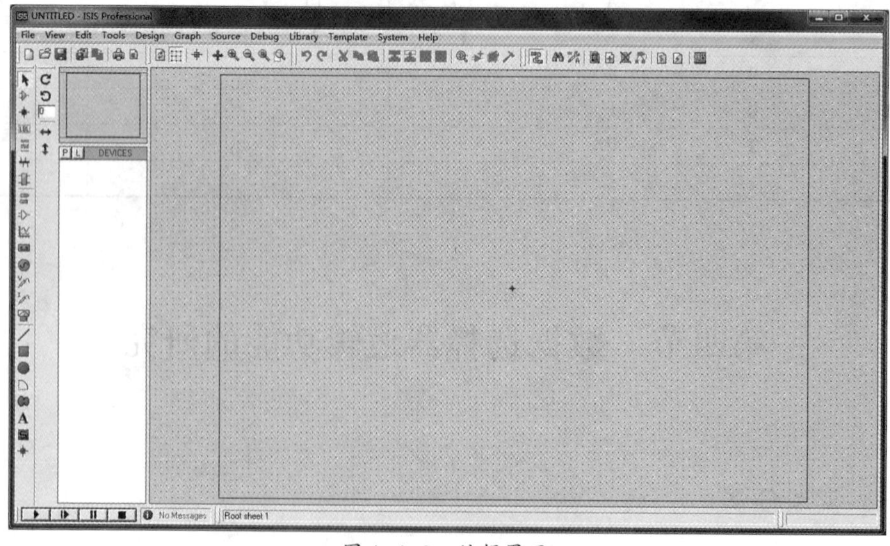

图 4-4-3　编辑界面

（1）元件拾取。单击 “Component Mode”（拾取元器件），再单击 “Pick from Libraries”（从元件库中拾取）。进入元件选择窗口“Pick Devices”（元件拾取）对话框，如图4-4-4所示。

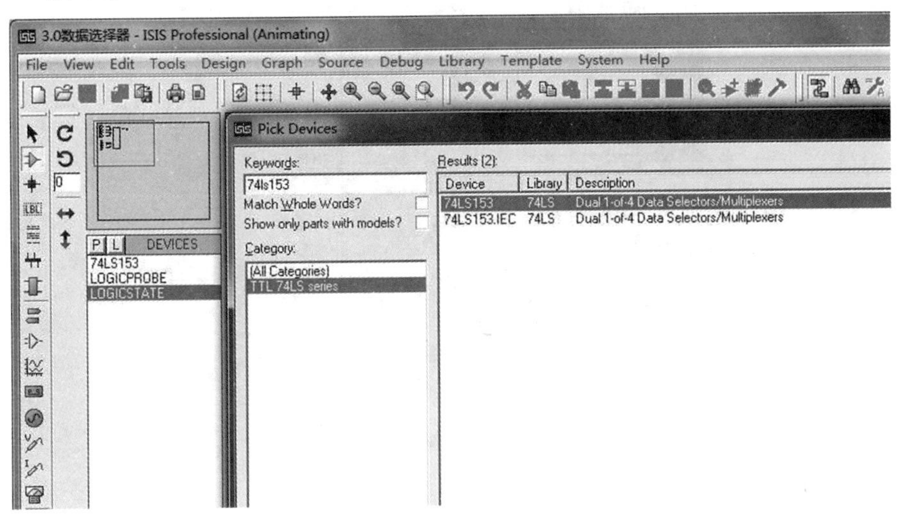

图4-4-4　元件拾取对话框

在对话框“Keywords”栏中输入74LS153（双4选1数据选择器），在“Results”（查找结果）中选出需要的元件，双击该元件，便可把该元件添加到编辑界面的对象选择器中。

用上述方法，依次把元件清单中的元件添加到编辑界面的对象选择器中。图形编辑窗口如图4-4-5所示。

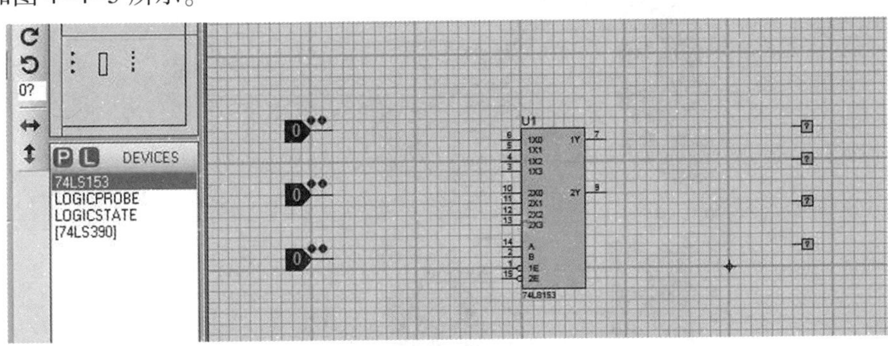

图4-4-5　图形编辑窗口

（2）放置元件。鼠标左键单击对象选择窗口中的74LS153元件，将鼠标移动到图形编辑窗口再次单击鼠标左键，此时鼠标左键会变成所选元件形状，选择元件放置的位置，再次点击鼠标左键，放置元件。

（3）移动元件。在编辑区的元件上单击鼠标左键选中元件（为红色），鼠标放到该元件上按住鼠标左键不放，拖动鼠标到合适位置松开鼠标左键即可改变元件位置。

（4）删除元件。在编辑区的元件上单击鼠标左键选中元件（为红色），鼠标放到该元件上继续单击鼠标右键，即可弹出快捷操作键，单击 Delete Object 删除元件。

用上述方法，在图形编辑窗口中放置好各元件。

（5）连线。将鼠标移动到元件接线端，鼠标会变成绿色的小笔。用鼠标左键单击编辑区元件(该元件不能在选中的状态下,即不为红色)的一个端点,移动鼠标,此时在笔端和接线端会有一条线相连,拖动到要连接的另一个元件的端点,再次单击即完成一根连线。要删除一根连线,右键双击连线即可。完成的仿真电路如图 4-4-6 所示。

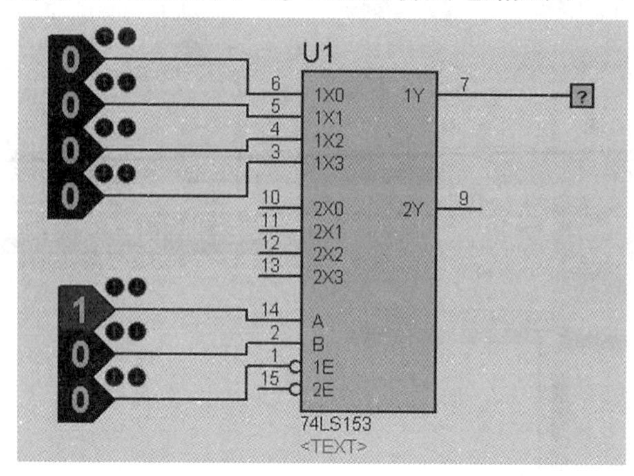

图 4-4-6　完成的仿真电路

五、仿真结果

单击编辑界面左下角的仿真运行按钮开始仿真,仿真运行结果如图 4-4-7 所示,试完成表 4-4-2 所列的 74LS153 逻辑功能表。单击"LOGICPROBE"(逻辑探针),观察"LOGICSTATE"(逻辑状态显示器)的逻辑电平。单击停止按钮停止仿真。

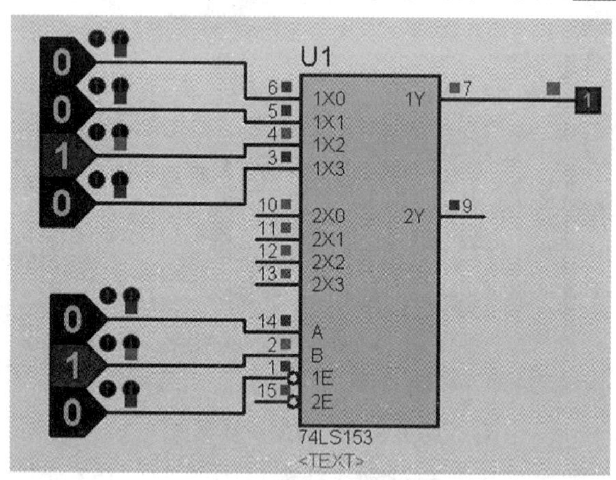

图 4-4-7　仿真结果

表 4-4-2　74LS153 逻辑功能

使能端	地址代码		数据				输出
1E	B	A	1X0	1X1	1X2	1X3	Y
1	×	×					
0	**0**	**0**					
0	**0**	**1**					
0	**1**	**0**					
0	**1**	**1**					

第五节　移位寄存器逻辑功能的研究

一、实验任务

研究移位寄存器的逻辑功能。

二、选用器件

实验仿真元件及其对应名称见表4-5-1。

表4-5-1　实验仿真元件及其对应名称

Devices(元件)	Category(类)	Sub-category(子类)	备　注
74LS74	TTL 74LS series	Flip-Flops & Latches	D触发器
LOGICPROBE	Debugging Tools	Logic Probes	逻辑探针
LOGICSTATE	Debugging Tools	Logic Stimuli	逻辑状态显示(发生)器
DCLOCK			数字脉冲

三、移位寄存器

触发器具有时序逻辑的特征,可以组成各种时序逻辑电路。寄存器用来暂时存放参与运算的数据和运算的结果,一个触发器只能寄存一位二进制数。要存储多位数据时,就要用多个触发器。寄存器常分为数码寄存器和移位寄存器,其区别在于有无移位功能。移位寄存器不仅有存放数码的功能,而且有移位的功能。所谓移位,就是指寄存器的数码可以在移位脉冲的控制下,依次进行移位。

四、构建仿真电路(移位寄存器74LS74)

双击快捷键“ISIS 7 Professional”,打开Proteus仿真应用程序,编辑界面如图4-5-1所示。

(1) 元件拾取。单击“Component Mode”(拾取元器件),再单击“Pick from Libraries”(从元件库中拾取)。进入元件选择窗口“Pick Devices”(元件拾取)对话框,如图4-5-2所示。

在对话框“Keywords”栏中输入74LS74(D触发器),在“Results”(查找结果)中选出需要的元件,双击该元件,便可把该元件添加到编辑界面的对象选择器中。

用上述方法,依次把元件清单中的元件添加到编辑界面的对象选择器中。图形编辑窗口如图4-5-3所示。

(2) 放置元件。鼠标左键单击对象选择窗口中的74LS74元件,将鼠标移动到图形

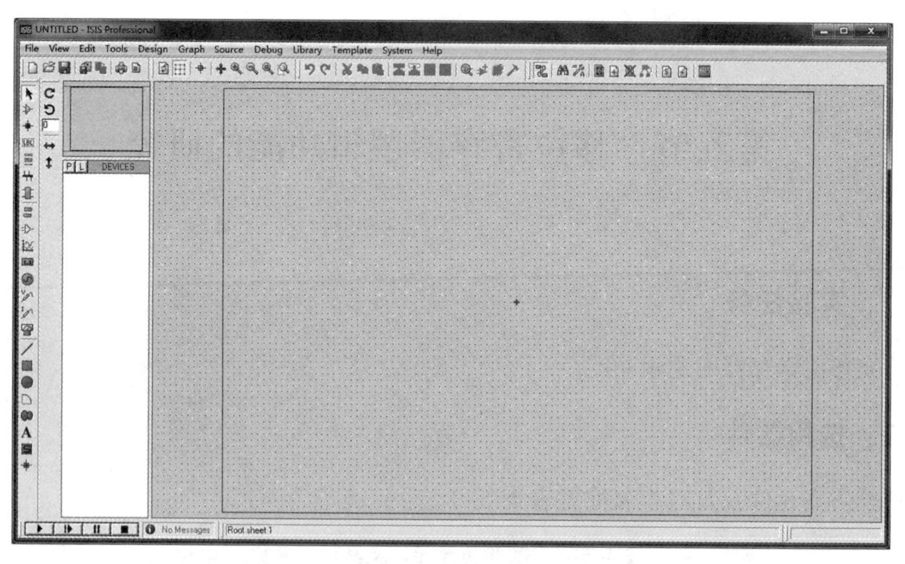

图 4-5-1　编辑界面

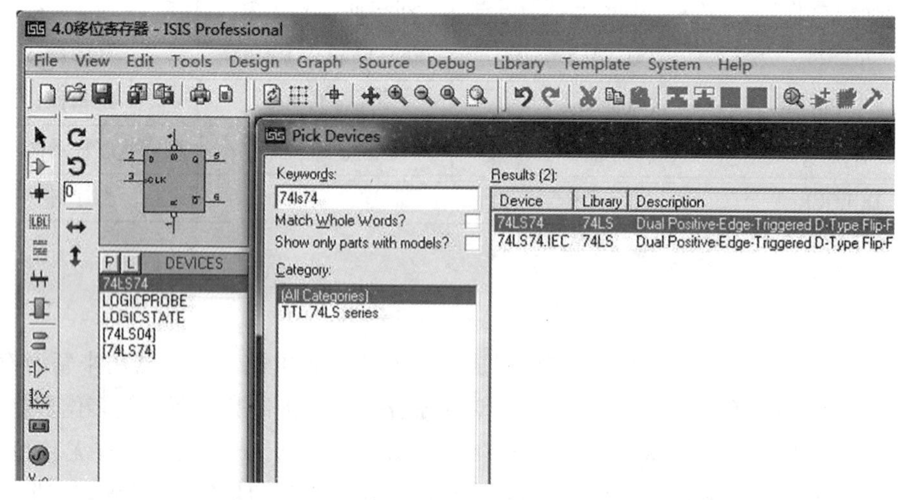

图 4-5-2　元件拾取对话框

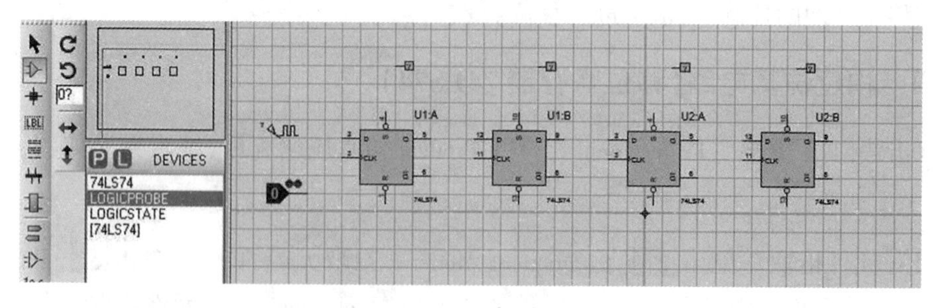

图 4-5-3　图形编辑窗口

编辑窗口，再次单击鼠标左键，此时鼠标左键会变成所选元件形状，选择元件放置的位置，再次点击鼠标左键，放置元件。

（3）移动元件。在编辑区的元件上单击鼠标左键选中元件（为红色），鼠标放到该元件上按住鼠标左键不放，拖动鼠标到合适位置松开鼠标左键即可改变元件位置。

（4）删除元件。在编辑区的元件上单击鼠标左键选中元件（为红色），鼠标放到该元件上继续单击鼠标右键，即可弹出快捷操作键，单击 ✕ Delete Object 删除元件。

(5) 添加脉冲信号。如图 4-5-4 所示，单击工具箱中的“Generator Mode”（激励源），从对象选择器中选择“DCLOCK”(数字脉冲)并单击。如图 4-5-5 所示，在编辑窗口选择合适位置再次单击，即放置好了数字脉冲。

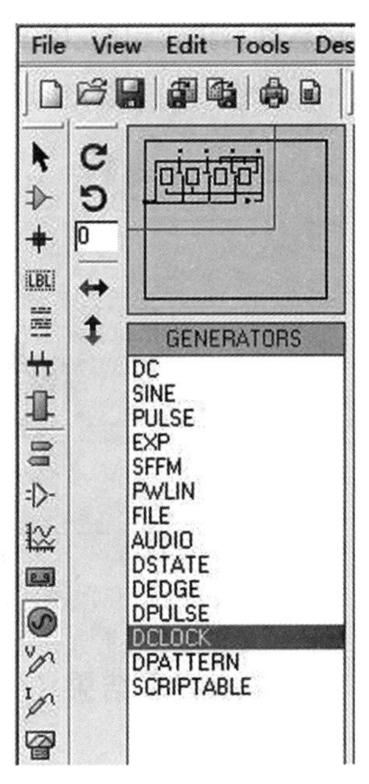

图 4-5-4　添加脉冲信号

(6) 配置数字脉冲的参数。在编辑窗口中双击数字脉冲，打开数字脉冲的属性界面，如图 4-5-6 所示。

在“Generator Name”（激励源名称）中可改变数字脉冲的称号。在“Frequency”（频率）中可改变数字脉冲的频率，单位为 Hz。这里频率选为 1Hz，可以观察到移位寄存器是如何移位的。如果频率值选得太大，就看不到移位寄存器的移位效果。

(7) 连线。将鼠标移动到元件接线端，鼠标会变成绿色的小笔。用鼠标左键单击编辑区元件（该元件不能在选中的状态下，即不为红色）的一个端点，移动鼠标，此时在笔端和接线

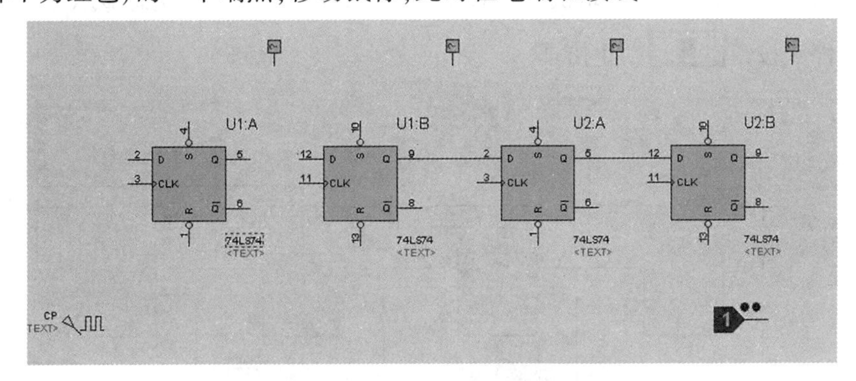

图 4-5-5　时钟信号放置到编辑界面上

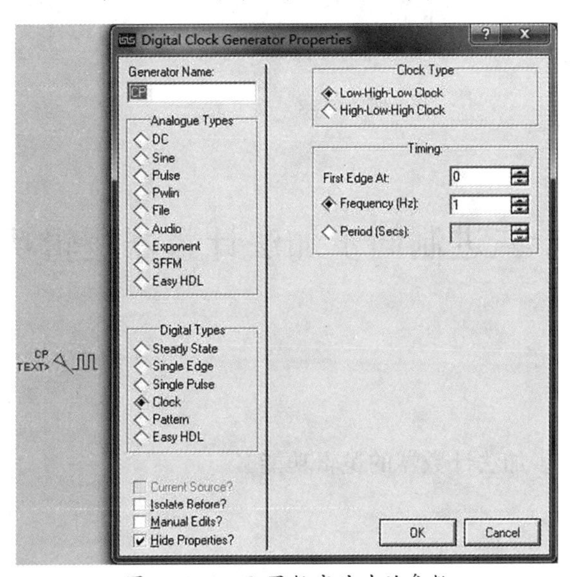

图 4-5-6　配置数字脉冲的参数

端会有一条线相连，拖动到要连接的另一个元件的端点，再次单击即完成一根连线。要删除一根连线，右键双击连线即可。完成的仿真电路如图 4-5-7 所示。

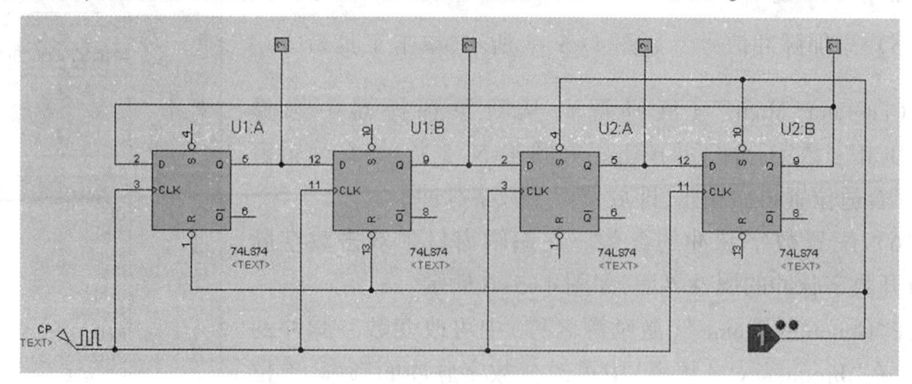

图 4-5-7　完成的仿真电路

五、仿真结果

单击编辑界面左下角的仿真运行按钮 开始仿真，仿真运行结果如图 4-5-8 所示。单击“LOGICPROBE”（逻辑探针），观察“LOGICSTATE”（逻辑状态显示器）的逻辑电平。单击停止按钮 停止仿真。

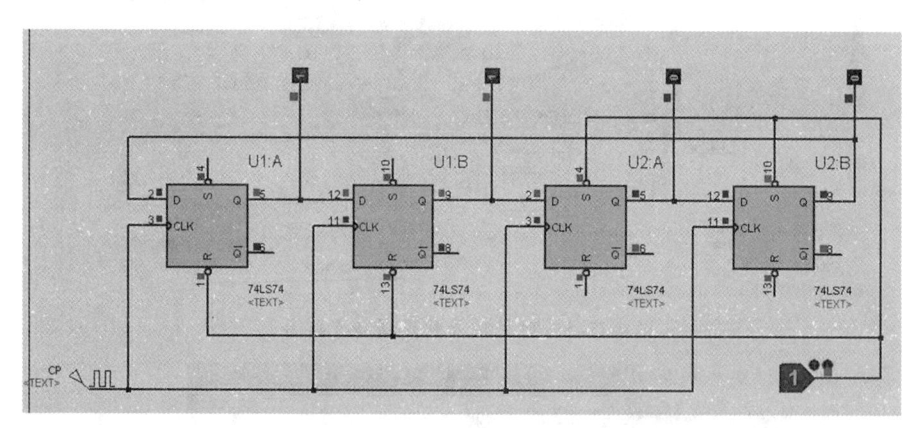

图 4-5-8　仿真结果

第六节　十三进制同步加法计数器逻辑功能的研究

一、实验任务

研究十三进制同步加法计数器的逻辑功能。

二、选用器件

实验仿真元件及其对应名称见表 4-6-1。

表 4-6-1　实验仿真元件及其对应名称

Devices(元件)	Category(类)	Sub-category(子类)	备　　注
74LS01	TTL 74LS series	Gates & Inverters	与非门
74LS04	TTL 74LS series	Gates & Inverters	非门
74LS08	TTL 74LS series	Gates & Inverters	与门
74LS112	TTL 74LS series	Gates & Inverters	JK 触发器
LOGICPROBE	Debugging Tools	Logic Probes	逻辑探针
LOGICSTATE	Debugging Tools	Logic Stimuli	逻辑状态显示(发生)器
DCLOCK			数字脉冲

三、计数器

计数器是数字逻辑系统中的基本部件之一,它能累计输入脉冲的数目,最后给出累计的总数。计数器可以进行加法计数或减法计数,也可以加法减法可逆计数。若从进位制来分,有二进制计数器、十进制计数器(也称二-十进制计数器)等。如果计数脉冲同时加到各个触发器的时钟脉冲端,使触发器的状态变化和计数脉冲同步,则称为"同步"计数器。如果计数脉冲不是同时加到各个触发器的时钟脉冲端,各个触发器的状态变化有先有后,则称为"异步"计数器。

由于双稳态触发器有"**0**"和"**1**"两个状态,所以一个触发器可以表示一位二进制数。表示 n 位二进制数,就用 n 个触发器。

四、构建仿真电路(用 JK 触发器组成十三进制同步加法计数器)

双击快捷键"ISIS 7 Professional",打开 Proteus 仿真应用程序,编辑界面如图 4-6-1

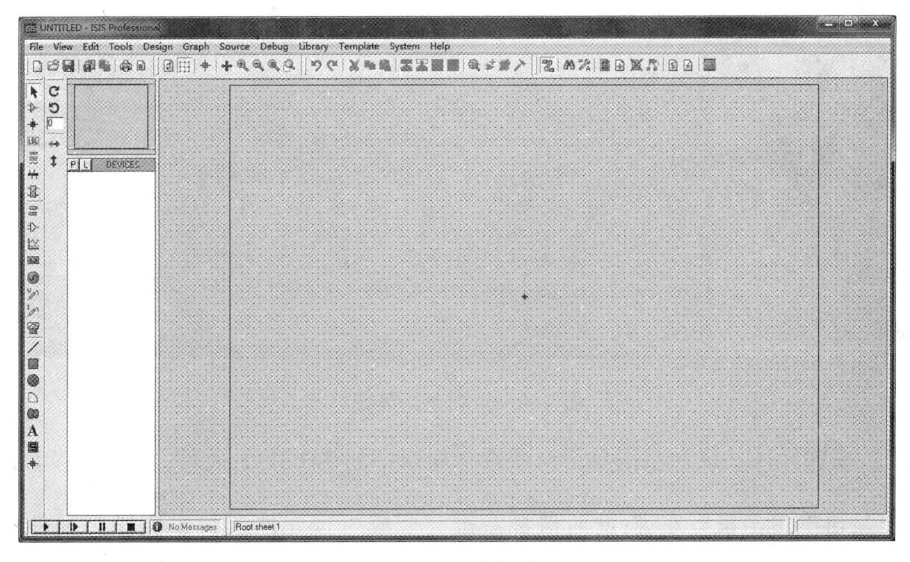

图 4-6-1　编辑界面

所示。

（1）元件拾取。单击"Component Mode"（拾取元器件），再单击"Pick from Libraries"（从元件库中拾取）。进入元件选择窗口"Pick Devices"（元件拾取）对话框，如图 4-6-2 所示。

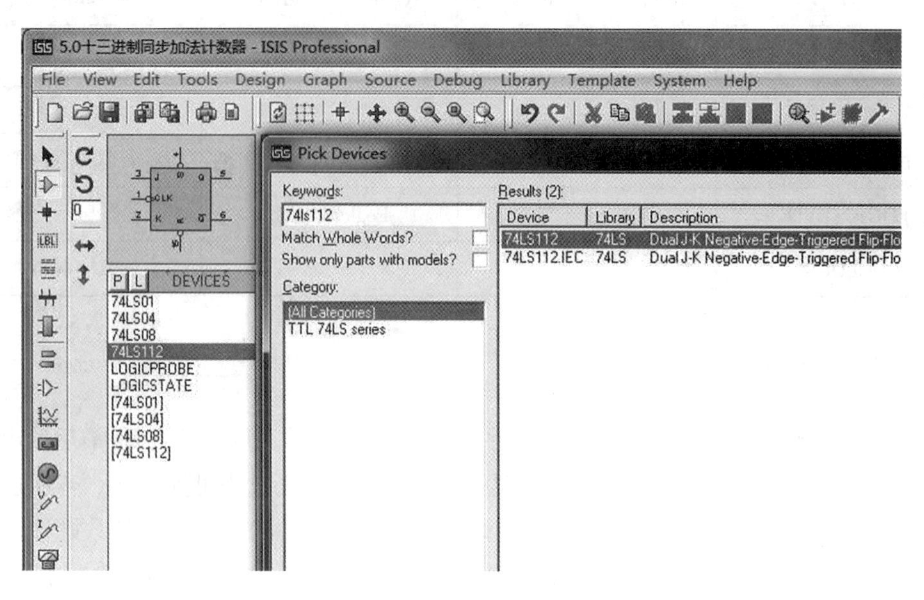

图 4-6-2　元件拾取对话框

在对话框"Keywords"栏中输入 74LS112（JK 触发器），在"Results"（查找结果）中选出需要的元件，双击该元件，便可把该元件添加到编辑界面的对象选择器中。

用上述方法，依次把元件清单中的元件添加到编辑界面的对象选择器中。图形编辑窗口如图 4-6-3 所示。

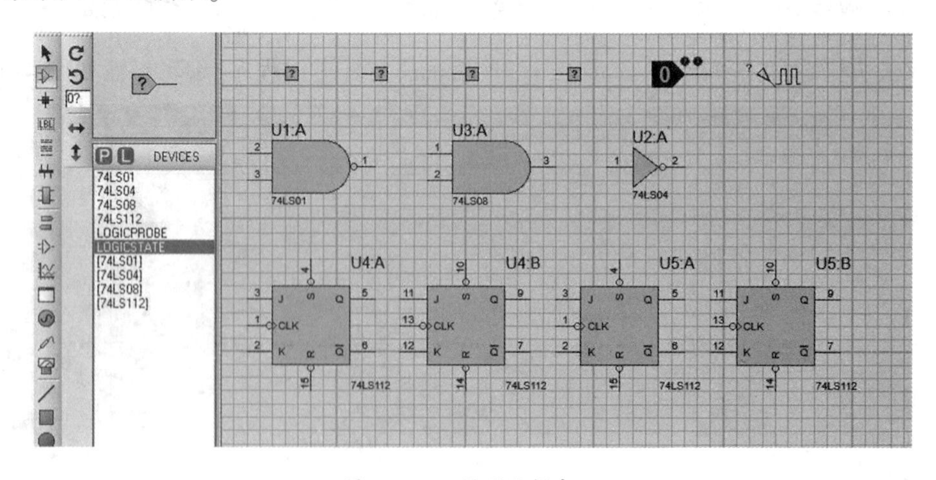

图 4-6-3　图形编辑窗口

（2）放置元件。鼠标左键单击对象选择窗口中的 74LS112 元件，将鼠标移动到图形编辑窗口，再次单击鼠标左键，此时鼠标左键会变成所选元件形状，选择元件放置的位置，再次点击鼠标左键，放置元件。

（3）移动元件。在编辑区的元件上单击鼠标左键选中元件（为红色），鼠标放到该元件上按住鼠标左键不放，拖动鼠标到合适位置松开鼠标左键即可改变元件位置。

（4）删除元件。在编辑区的元件上单击鼠标左键选中元件（为红色），鼠标放到该元件上继续单击鼠标右键，即可弹出快捷操作键，单击 ✕ Delete Object 删除元件。

（5）添加脉冲信号。如图 4-6-4 所示，单击工具箱中的"Generator Mode"（激励源），从对象选择器中选择"DCLOCK"（数字脉冲）并单击。在编辑窗口选择合适位置再次单击，即放置好了数字脉冲。

（6）配置数字脉冲的参数。在编辑窗口中双击数字脉冲，打开数字脉冲的属性界面，如图 4-6-5 所示。

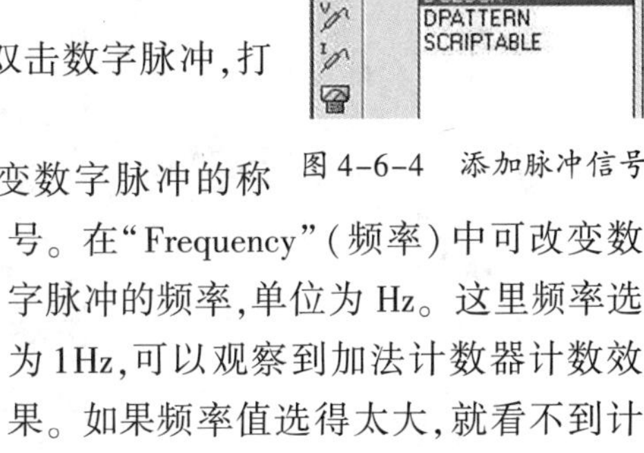

图 4-6-4　添加脉冲信号

在"Generator Name"（激励源名称）中可改变数字脉冲的称号。在"Frequency"（频率）中可改变数字脉冲的频率，单位为 Hz。这里频率选为 1Hz，可以观察到加法计数器计数效果。如果频率值选得太大，就看不到计数效果。

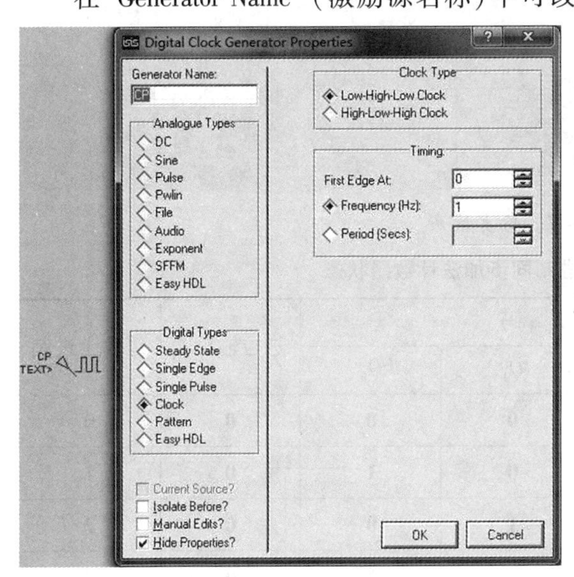

图 4-6-5　配置数字脉冲的参数

（7）连线。将鼠标移动到元件接线端，鼠标会变成绿色的小笔。用鼠标左键单击编辑区元件（该元件不能在选中的状态下，即不为红色）的一个端点，移动鼠标，此时在笔端和接线端会有一条线相连，拖动到要连接的另一个元件的端点，再次单击即完成一根连线。要删除一根连线，右键双击连线即可。完成的仿真电路如图 4-6-6 所示。

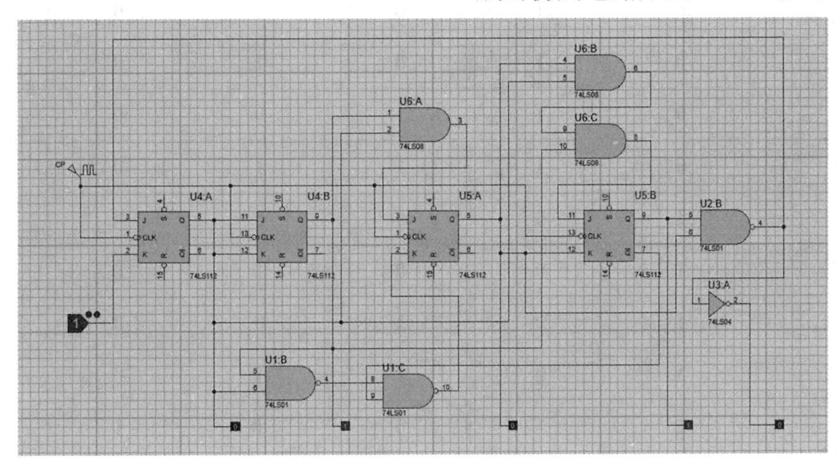

图 4-6-6　完成的仿真电路

五、仿真结果

单击编辑界面左下角的仿真运行按钮［▶］开始仿真，仿真运行结果如图 4-6-7 所示。试完成十三进制同步加法计数器状态表，见表 4-6-2。单击“LOGICPROBE”（逻辑探针），观察“LOGICSTATE”（逻辑状态显示器）的逻辑电平。单击停止按钮［■］停止仿真。

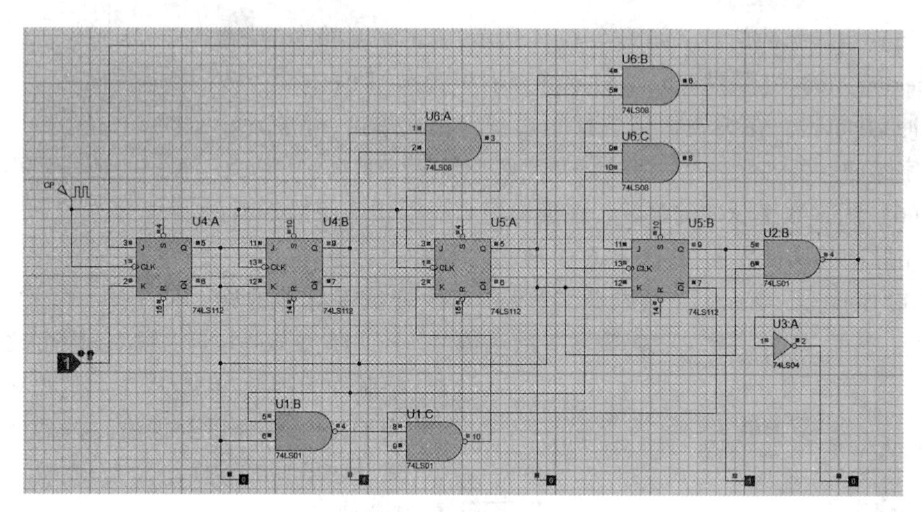

图 4-6-7　仿真结果

表 4-6-2　十三进制同步加法计数器状态

状态转化顺序	状态编码				进位输出 C	等效十进制
	Q_3	Q_2	Q_1	Q_0		
S0	**0**	**0**	**0**	**0**	**0**	0
S1	**0**	**0**	**0**	**1**	**0**	1
S2	**0**	**0**	**1**	**0**	**0**	2
S3	**0**	**0**	**1**	**1**	**0**	3
S4	**0**	**1**	**0**	**0**	**0**	4
S5	**0**	**1**	**0**	**1**	**0**	5
S6	**0**	**1**	**1**	**0**	**0**	6
S7	**0**	**1**	**1**	**1**	**0**	7
S8	**1**	**0**	**0**	**0**	**0**	8
S9	**1**	**0**	**0**	**1**	**0**	9
S10	**1**	**0**	**1**	**0**	**0**	10
S11	**1**	**0**	**1**	**1**	**0**	11
S12	**1**	**1**	**0**	**0**	**1**	12

第七节　任意进制计数器的研究

一、实验任务

研究任意进制计数器的构成方法。

二、选用器件

实验仿真元件及其对应名称见表4-7-1。

表4-7-1　实验仿真元件及其对应名称

Devices(元件)	Category(类)	Sub-category(子类)	备　注
74LS04	TTL 74LS series	Gates & Inverters	非门
74LS13	TTL 74LS series	Gates & Inverters	4输入与非门
74LS160	TTL 74LS series	Counters	十进制同步计数器
LOGICPROBE	Debugging Tools	Logic Probes	逻辑探针
LOGICSTATE	Debugging Tools	Logic Stimuli	逻辑状态显示(发生)器
DCLOCK			数字脉冲
GROUND			地

三、任意进制计数器

常用的计数器主要是二进制和十进制，当需要任意一种进制的计数器时，只能用已有的计数器产品，经过外电路的不同连接方式，改接而得到。

(1) 清零法(复位法)。将计数器适当改接，利用其清零端进行反馈置零，可以得到小于原有进制的多种进制计数器。

(2) 置数法(置位法)。此法只适用于某些有并行预置数功能的计数器。

四、构建仿真电路(用任意进制计数器构成十三进制同步加法计数器)

双击快捷键"ISIS 7 Professional"，打开 Proteus 仿真应用程序，编辑界面如图4-7-1所示。

(1) 元件拾取。单击"Component Mode"(拾取元器件)，再单击"Pick from Libraries"(从元件库中拾取)。进入元件选择窗口"Pick Devices"(元件拾取)对话框，如图4-7-2所示。

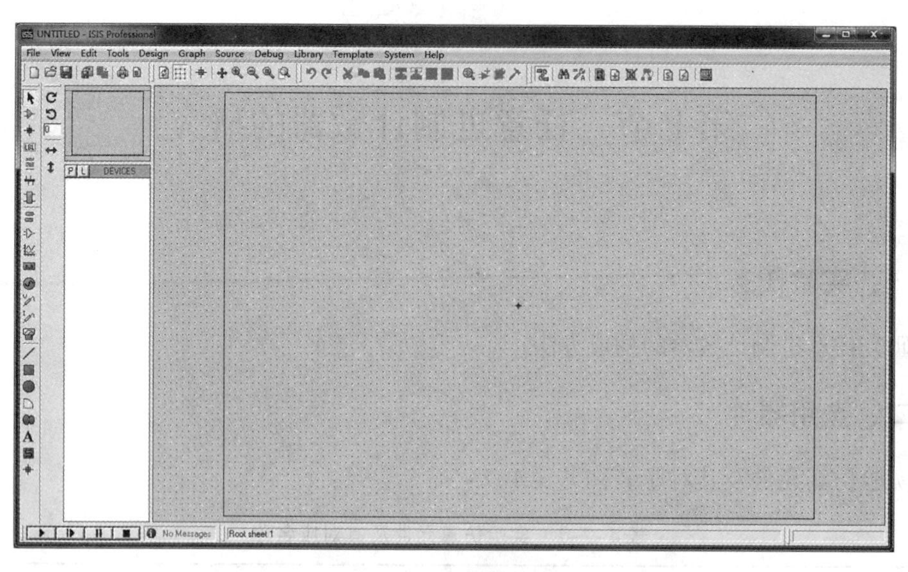

图 4-7-1　编辑界面

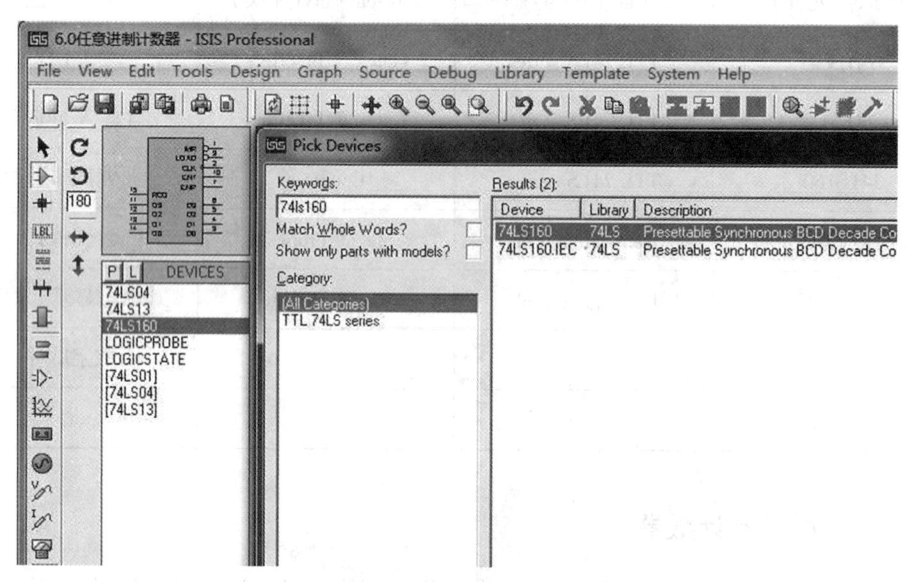

图 4-7-2　元件拾取对话框

在对话框“Keywords”栏中输入 74LS160(十进制同步计数器),在“Results”(查找结果)中选出需要的元件,双击该元件,便可把该元件添加到编辑界面的对象选择器中。

用上述方法,依次把元件清单中的元件添加到编辑界面的对象选择器中。图形编辑窗口如图 4-7-3 所示。

(2) 放置元件。鼠标左键单击对象选择窗口中的 74LS160 元件,将鼠标移动到图形编辑窗口,再次单击鼠标左键,此时鼠标左键会变成所选元件形状,选择元件放置的位置,再次点击鼠标左键,放置元件。

(3) 移动元件。在编辑区的元件上单击鼠标左键选中元件(为红色),鼠标放到该元件上按住鼠标左键不放,拖动鼠标到合适位置松开鼠标左键即可改变元件位置。

(4) 删除元件。在编辑区的元件上单击鼠标左键选中元件(为红色),鼠标放到该元

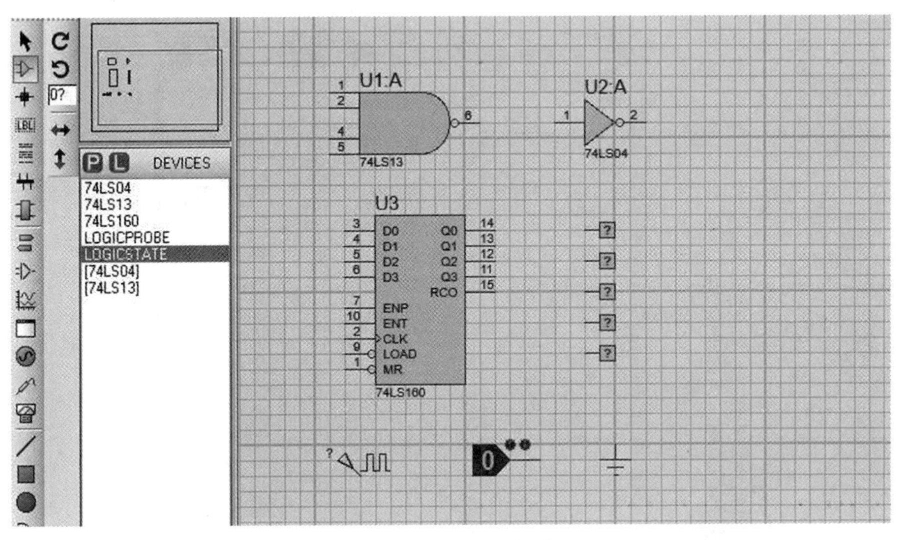

图 4-7-3　图形编辑窗口

件上继续单击鼠标右键,即可弹出快捷操作键,单击 Delete Object 删除元件。

(5) 添加脉冲信号。如图 4-7-4 所示,单击工具箱中的“Generator Mode”(激励源),从对象选择器中选择“DCLOCK”(数字脉冲)并单击。在编辑窗口选择合适位置再次单击,即放置好了数字脉冲。

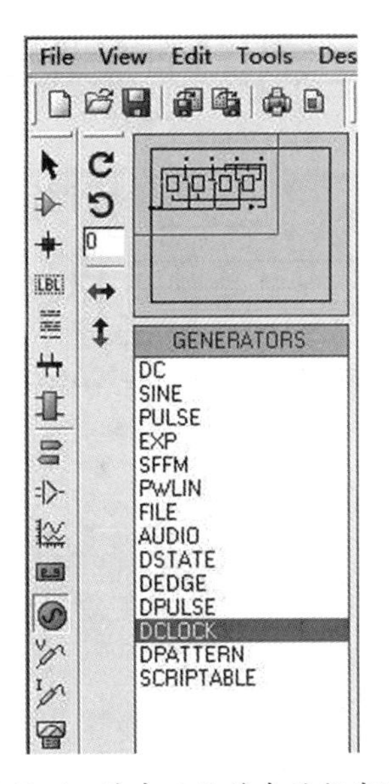

图 4-7-4　选中工具箱中的数字脉冲

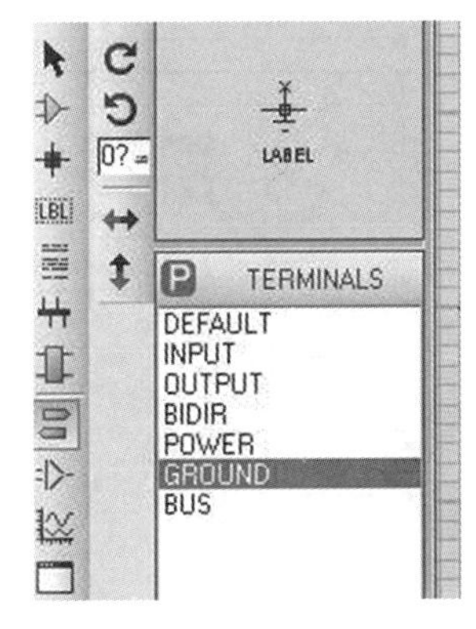

图 4-7-5　选终端中的“地”

(6) 点击按钮,在对象选择器中列出各种终端,选择“GROUND”(地),如图 4-7-5 所示。

(7) 配置数字脉冲的参数。在编辑窗口中双击数字脉冲,打开数字脉冲的属性界面,如图 4-7-6 所示。在“Generator Name”(激励源名称)中可改变数字脉冲的称号。在“Frequency”(频率)中可改变数字脉冲的频率,单位为 Hz。这里频率选为 1Hz,可以观察

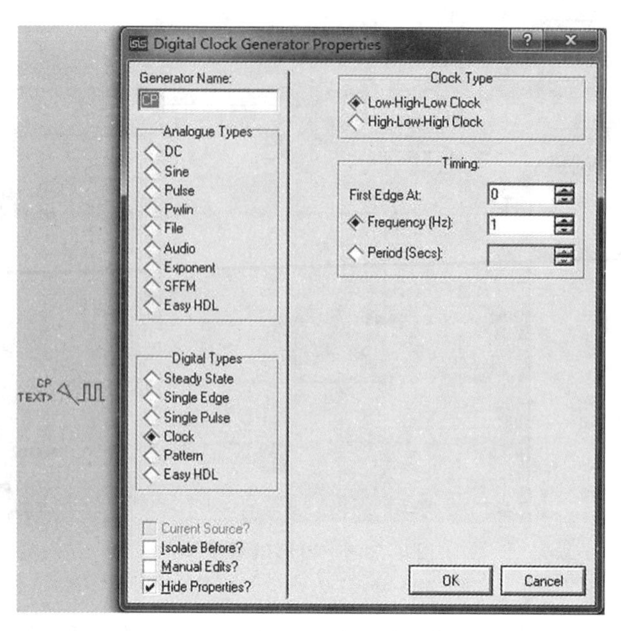

图 4-7-6　配置数字脉冲的参数

到同步计数器计数效果。如果频率值选得太大,就看不到计数效果。

(8) 连线。将鼠标移动到元件接线端,鼠标会变成绿色的小笔。用鼠标左键单击编辑区元件(该元件不能在选中的状态下,即不为红色)的一个端点,移动鼠标,此时在笔端和接线端会有一条线相连,拖动到要连接的另一个元件的端点,再次单击即完成一根连线。要删除一根连线,右键双击连线即可。完成的仿真电路如图 4-7-7 所示。

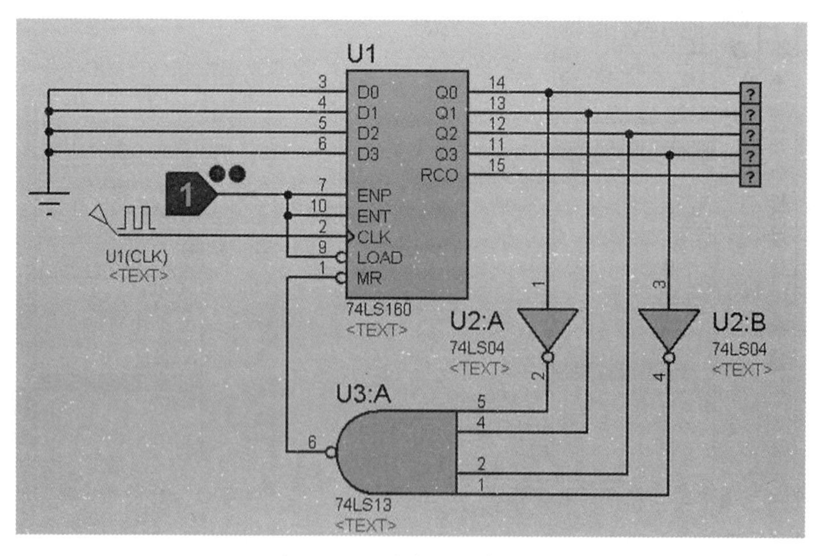

图 4-7-7　完成的仿真电路

五、仿真结果

单击编辑界面左下角的仿真运行按钮[▶]开始仿真,仿真运行结果如图 4-7-8 所示。单击“LOGICPROBE”(逻辑探针),观察“LOGICSTATE”(逻辑状态显示器)的逻辑电平。单击停止按钮停止仿真。

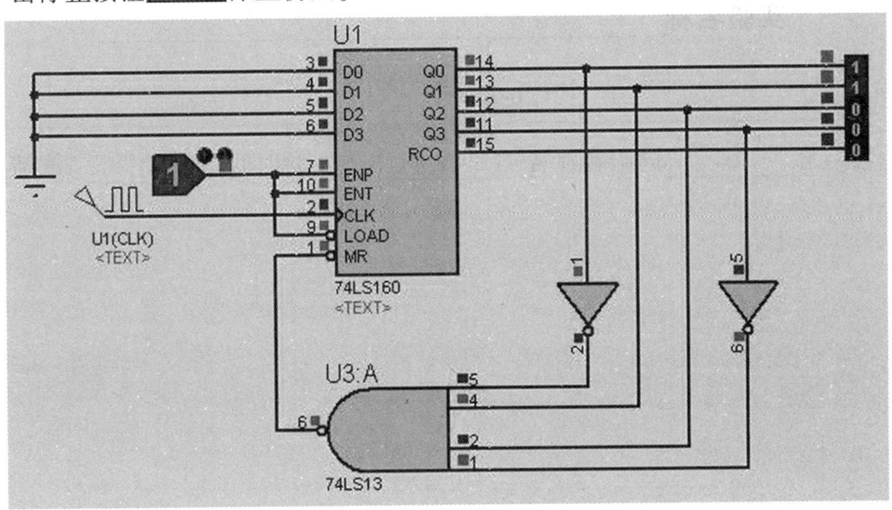

图 4-7-8　仿真结果

实验名称________________________________

学院____________________班级________________专业________________

姓名____________同组者姓名____________实验时间__________成绩_____

第五章　模拟电子技术基础实验

第一节　晶体管单管放大电路

一、实验任务

（1）掌握放大电路静态工作点的调试方法，分析静态工作点对放大电路性能的影响。

（2）掌握测试放大电路动态参数的方法。

二、实验指导

1．测量静态工作点

图 5-1-1 所示为静态工作点稳定放大电路的参考电路，按参考电路连线。在放大电路输入端输入频率为 1kHz、$U_i = 10mV$（有效值）左右的正弦电压信号，用示波器观察输出电压的信号波形。根据观察到的输出波形，调节上偏置电阻 R_W 的大小，使得输出波形的上、下半波对称。然后，缓慢增加输入电压信号 u_i 的幅度，再次观察输出波形的变化情况，同时调节上偏置电阻 R_W，使输出电压 u_o 的上、下半波同时失真。此时，适当减小输入电压 u_i，使输出电压 u_o 不失真。这时，用万用表直流挡测量得到的静态工作点，就是最佳静态工作点。把相应的参数记录在表 5-1-1 中。

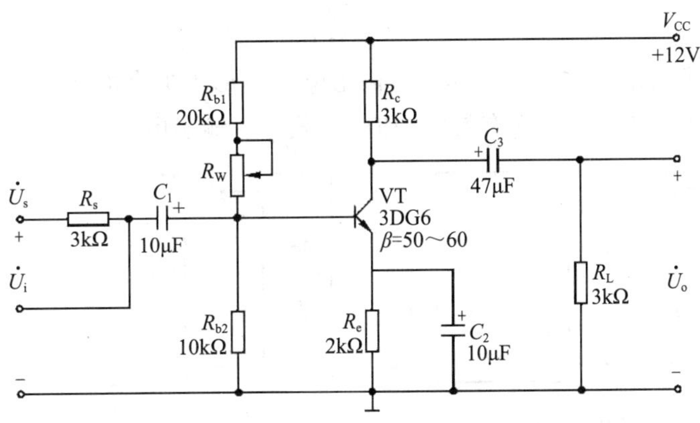

图 5-1-1　静态工作点稳定放大电路的参考电路

表 5-1-1　静态工作点的测量

测量值					计算值		
I_C(mA)	U_C(V)	U_B(V)	U_E(V)	U_{CE}(V)	I_C(mA)	I_B(μA)	U_{CE}(V)

2. 测量电压放大倍数

静态工作点调整在放大区域的时候，令 $R_L=\infty$（负载断开）、$R_L=2k\Omega$ 时，分别测量输入电压 u_i 与输出电压 u_o 的有效值，同时观察并描绘输入电压与输出电压的波形，并计算电压放大倍数，记录在表 5-1-2 中。

表 5-1-2　电压放大倍数的测量

R_L(kΩ)	R_C(kΩ)	U_i(有效值)(V)	U_o(有效值)(V)	u_i 波形	u_o 波形	计算 A_u
∞	3.3					
2	3.3					

3. 测量最大不失真输出电压

断开负载，加大放大电路的输入信号 u_i，使输出波形出现失真。再稍许减小输入信号幅值，使输出波形无明显失真。测量此时的 U_{imax} 和 U_{omax} 及 I_C 值，并计算电压放大倍数，记录在表 5-1-3 中。

表 5-1-3　最大不失真输出电压的测量

U_{imax}(mV)	U_{omax}(V)	I_C(mA)	计算 A_u

4. 测量输入电阻和输出电阻

测量输入电阻如图 5-1-2a 所示，在放大电路与信号源之间串入已知电阻 R_s，在输出电压波形不失真条件下，通过测量电源的输出电压 U_s(有效值)和放大电路的输入电压 U_i(有效值)的值，计算得到输入电阻，即

$$R_i=\frac{U_i}{U_s-U_i}R_s$$

测量输出电阻如图 5-1-2b 所示，在输出电压波形不失真的条件下，通过测量放大电路在负载开路时的输出电压(有效值)和接负载时的输出电压 U_{oL}(有效值)，计算得到

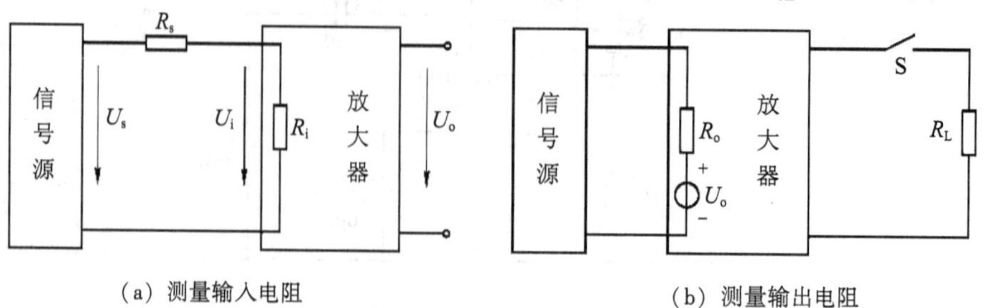

(a) 测量输入电阻　　(b) 测量输出电阻

图 5-1-2　输入电阻和输出电阻的测量原理

输出电阻,即

$$R_o=\left(\frac{U_{o\infty}}{U_{oL}}-1\right)R_L$$

将测得的数据记录在表 5-1-4 中。

表 5-1-4　输入电阻 R_i、输出电阻 R_o 的测量

U_i(mV)	U_s(mV)	计算 R_i	$U_{o\infty}$(V)	U_{oL}(V)	计算 R_o

三、实验思考

(1) 将实验测量值与理论估算值相比较,分析误差原因。总结正确调节静态工作点的方法。试问静态工作点对放大电路性能有何影响?

(2) 负载电阻的变化对静态工作点有无影响? 对电压放大倍数有无影响?

(3) 测量晶体管的输入管压降 U_{BE}、晶体管的输出管压降 U_{CE}时,为防止引入干扰,应先测量晶体管的 B、C、E 极对地电位后,再计算得到 U_{BE}、U_{CE}的大小。

(4) 为了测量晶体管的三个电流 I_B、I_C 和 I_E,一般先测量晶体管射极电阻上的电压 V_E,再计算得到。即

$$I_C=I_E=\frac{V_E}{R_E}$$

$$I_B=\frac{I_C}{\beta}$$

(5) 测量输入电阻和输出电阻时,为了使电压波形不失真,R_s 的取值应接近 R_i,电源输出电压的值 U_s 不能取得太大。

第二节　晶体管两级阻容耦合放大电路

一、实验任务

(1) 掌握晶体管两级阻容耦合放大电路的电压放大倍数和频率特性的测量方法。

(2) 学习静态工作点的调整和测量方法,了解静态工作点对放大电路动态范围的影响。

二、实验指导

由于电容对直流量的电抗为无穷大,因而阻容耦合放大电路各级之间的直流通路各不相通,各级的静态工作点相互独立。在求解或实际调试静态工作点 Q 时,可按单级放大电路处理,使得电路的分析设计和调试简单易行。

两级阻容耦合放大电路的低频特性差,不能放大变化缓慢的信号。

查阅电路中各个晶体管的电流放大倍数 β 值,记录备用。

1. 调整和测量静态工作点

图 5-2-1 所示为晶体管两级阻容耦合放大电路的参考电路,按参考电路连线。用导线连接 H、K 两点,将晶体管 VT_1 的集电极与电容 C_3 的正极相连接。

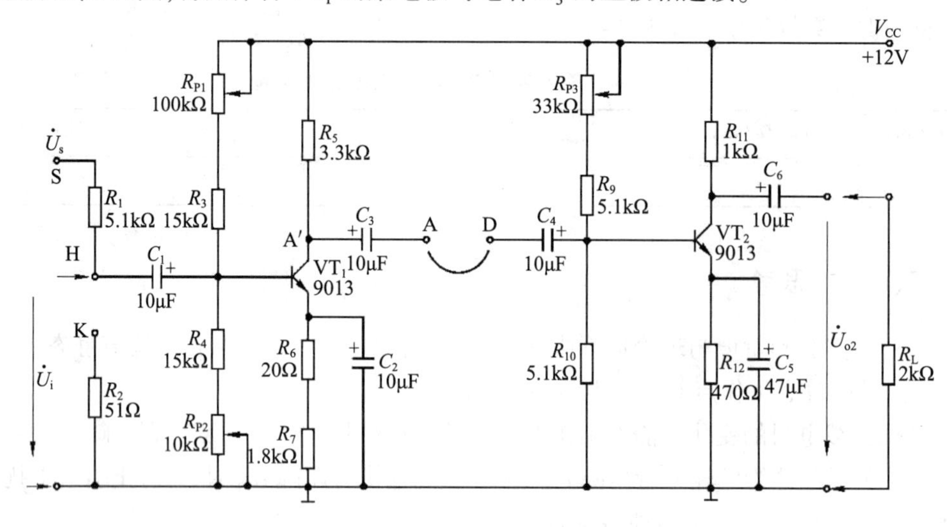

图 5-2-1　晶体管两级阻容耦合放大电路的参考电路

电路输入端接入 20mV 左右(有效值)的交流正弦电压信号,用示波器观察输出电压的波形,分别调节两个晶体管基极上的偏置电阻 R_{P1} 和 R_{P3},使输出电压的波形为一个完整的正弦波电压。缓慢增加输入电压信号,使得输出电压的波形上、下半波同时失真。适当改小电路的输入电压信号,使输出电压波形最大不失真。此时,将测量得到的两晶体管的静态参数记录在表 5-2-1 中。

表 5-2-1　静态工作点的测量

	U_{B1}(V)	U_{E1}(V)	U_{C1}(V)	I_{C1}(mA)	U_{B2}(V)	U_{E2}(V)	U_{C2}(V)	I_{C2}(mA)
测量值								
计算值								

2. 测量电压放大倍数

在放大电路输入端输入频率 $f=1$kHz 的中频正弦波信号,接入负载 $R_L=2$kΩ,并用示波器监视,使输出电压波形达到最大不失真。测量两级放大电路的电压值,计算相应的电压放大倍数,记录在表 5-2-2 中。

表 5-2-2　两级放大电路电压放大倍数的测量

	U_i(mV)	U_{o1}(V)	U_{o2}(V)	A_{u1}	A_{u2}	A_u
测量值						
计算值						

3. 测量电路的幅频特性

在保持 $U_s=100$mV(有效值)的条件下,改变输入电压信号的频率,用交流毫伏表监视输出电压的大小变化。

如果逐步降低输入电压信号的频率且保持其幅值不变，当测得输出电压的幅值降到中频段输出电压的 0. 707 倍时，所对应的输入信号频率为下限截止频率。

如果逐步升高输入电压信号的频率且保持其幅值不变，当测得输出电压的幅值再次降到中频段输出电压值的 0. 707 倍时，所对应的输入信号频率为上限截止频率。将测量值记录在表 5-2-3 中。

表 5-2-3　幅频特性的测量（f_L = ________，f_H = ________）

f(Hz)						1kHz					
U_{o2}(V)											
A_u											

三、实验思考

（1）为了减小因仪表量程不同而带来的附加误差，必须使交流毫伏表能在同一量程下工作，再测信号源电压及放大电路末级输出电压。所以，实验时可在电路输入端加精密电阻组成的分压器。

（2）在第二级放大电路的输入端可并联电容，使电路的下限截止频率下降，便于实验室仪器测量。

（3）当改变信号源频率时，其输出电压的大小略有变化，在测量放大电路幅频特性时应予以注意。

（4）用双对数坐标纸绘制放大电路的幅频特性曲线，并从曲线上求出电路的上限截止频率和下限截止频率，可以与理论估算值进行比较。

第三节　晶体管两级负反馈放大电路

一、实验任务

（1）验证串联电压负反馈对放大电路的电压放大倍数、频率特性、输入电阻和输出电阻的影响。

（2）可自行设计由各种类型负反馈组成的单级或多级放大电路，并用实验验证。

二、实验指导

1. 测量静态工作点（电源电压 V_{CC} = +12V）

（1）无反馈两级放大电路交流和直流参数的测量，参考电路如图 5-2-1 所示。把测量得到的静态工作点的数值以及相关的计算值，记录在表 5-3-1 中。

（2）图 5-3-1 所示为两级负反馈放大电路的参考电路，按参考电路接线。在放大电路中接入级间负反馈，输入信号电压 U_s = 20mV（有效值）、f = 1kHz，将放大电路调节到最佳静态工作点,然后测量各个参数。记录在表 5-3-1 中。

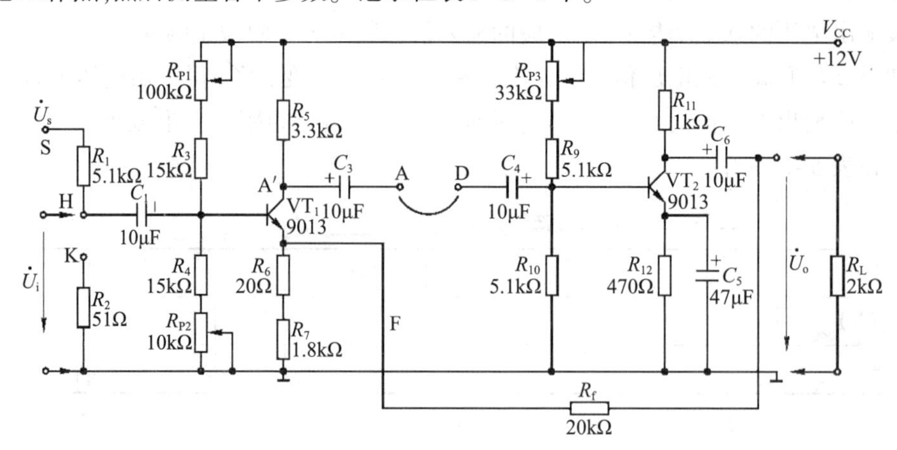

图 5-3-1　两级负反馈放大电路的参考电路

表 5-3-1　静态工作点的测量

		计算值					测量值		
		β	I_E(mA)	U_E(V)	U_C(V)	r_{be}(Ω)	U_E(V)	U_C(V)	I_E(mA)
无反馈	第一级								
	第二级								
有反馈	第一级								
	第二级								

2. 测量输入电阻和输出电阻

参照图 5-3-1 所示的两级负反馈放大电路的参考电路,测量放大电路的输入电阻和输出电阻,记录在表 5-3-2 中,并与本章第二节两级阻容耦合放大电路中的相关参数做比较,得出相应的结论。

表 5-3-2　输入电阻和输出电阻的测量

	$U_{o\infty}$(V)	U_{oL}(V)	R_o(kΩ)	U_s(V)	U_i(V)	R_i(kΩ)	A_u
测量值							
计算值							

3. 测量电压放大倍数和频率特性

参照图 5-3-1 所示的两级负反馈放大电路的参考电路,测量放大电路的下限截止频率 f_{Lf} 和上限截止频率 f_{Hf},记录在表 5-3-3 中,并与本章第二节两级阻容耦合放大电路中的相关参数做比较,得出相应的结论。

表 5-3-3　两级放大电路的电压放大倍数和频率特性的测量

	U_{if}(V)	U_{o1f}(V)	U_{o2f}(V)	A_{u1f}	A_{u2f}	A_{uf}	f_{Lf}(Hz)	f_{Hf}(kHz)
测量值								
计算值								

三、实验思考

（1）在双对数坐标纸上分别绘制不接入、接入级间负反馈时的电路幅频特性曲线。

（2）由实验结果说明负反馈对放大电路性能有哪些主要的影响。

（3）射极跟随器本身的电压放大倍数约为 1，加入后为何能够提高总电路的电压放大倍数？

（4）若测量有射极跟随器、有级间反馈的放大电路各项指标，应如何进行操作？

（5）做本实验前，先预做本章第二节晶体管两级阻容耦合放大电路的实验内容。

第四节　集成运放应用于模拟运算电路

一、实验任务

（1）测试由集成运放组成的同相比例运算电路的电压传输特性。

（2）学会用集成运放电路构成反相比例（加法）运算电路、差分比例运算电路、积分运算电路。

（3）自行设计用集成运放电路组成各种模拟运算电路。

二、实验指导

1. 测试同相比例运算电路的电压传输特性

按图 5-4-1a 所示同相比例运算电路接线。

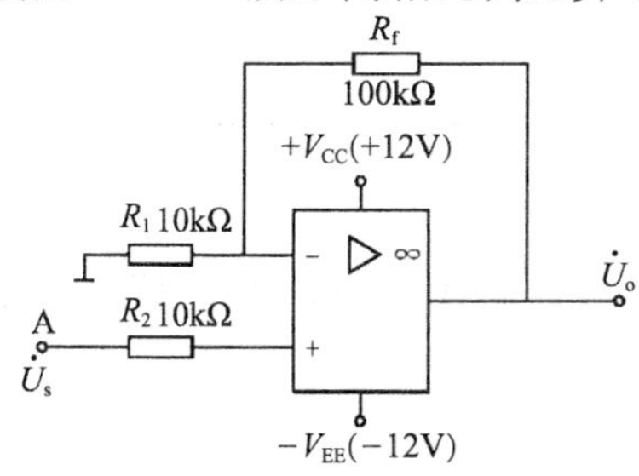

（a）同相比例运算电路

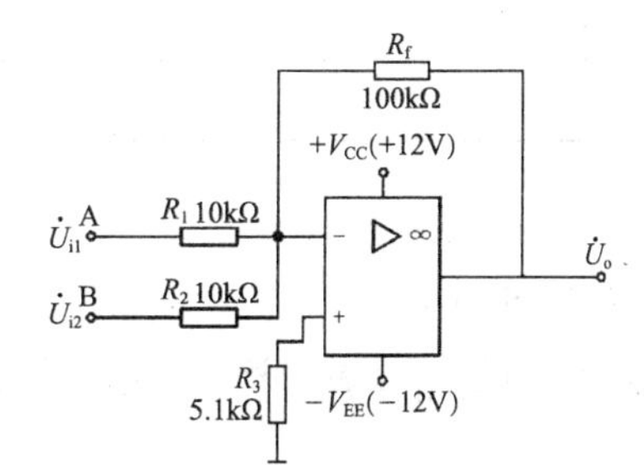

（b）反相比例（加法）运算电路

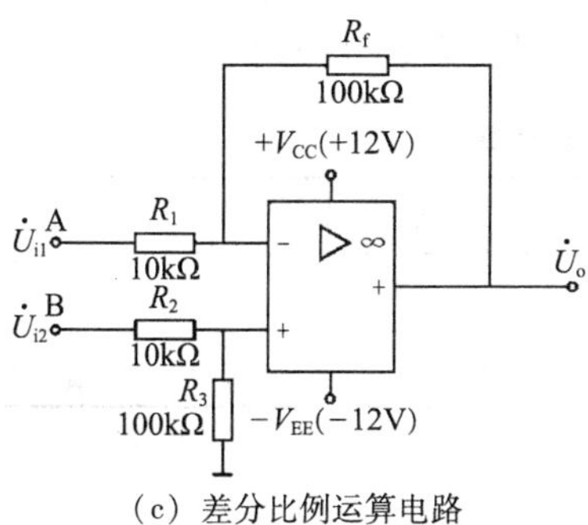

（c）差分比例运算电路

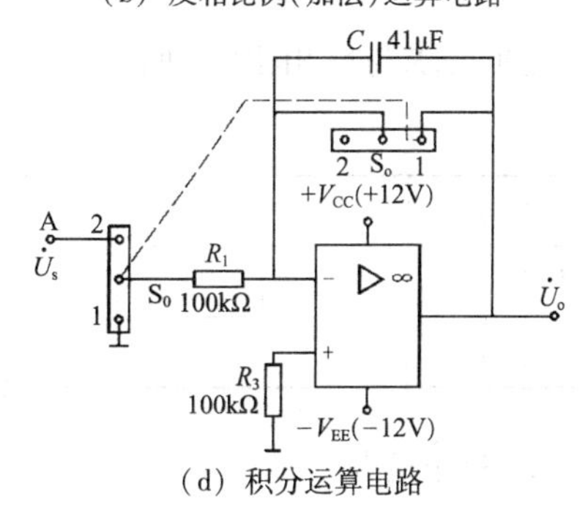

（d）积分运算电路

图 5-4-1　集成运放应用于模拟运算电路的参考电路

（1）交流法。先将 1kHz 的正弦交流信号接到电路输入端，电压幅值由零逐渐增加，用示波器观察输出电压的波形，同时，用交流毫伏表记录输入与输出电压的大小。当把输入电压幅值从零逐渐加大时，观察电压传输特性，绘制在表 5-4-1 中。

（2）直流法。用适当信号 U_i 作为电路输入电压，适当改变其值并测得相对应的输出电压值 U_o，计算电压放大倍数。把数据记录在表 5-4-1 中。注意，要求测得的输出电压值有大有小，相位也有变化。

表 5-4-1　同相比例运算电路的电压传输特性

<table>
<tr><th colspan="3">输入信号 U_i(V)</th><th colspan="2">最大不失真输出电压 U_o(V)</th><th rowspan="2">电压放大倍数 A_u</th><th colspan="2">电压传输特性曲线</th></tr>
<tr><th></th><th>有效值</th><th>波形</th><th>有效值</th><th>波形</th><th>交流法</th><th>直流法</th></tr>
<tr><td>交流法</td><td></td><td></td><td></td><td></td><td></td><td rowspan="2"></td><td rowspan="2"></td></tr>
<tr><td>直流法</td><td></td><td></td><td></td><td></td><td></td></tr>
</table>

2. 反相比例（加法）运算

按图 5-4-1b 所示反相比例（加法）运算电路接线。当输入端 A、B 同时加入信号电压 U_{i1}、U_{i2}，则

$$U_o = -\left(\frac{R_f}{R_1}U_{i1} + \frac{R_f}{R_2}U_{i2}\right)$$

适当调节输入信号电压的大小和极性，测得相对应的输出电压，把数据记录在表 5-4-2 中。注意，两个输入电压之间相互有影响时要反复调节，信号大小要适中，避免进入饱和区。

表 5-4-2　反相比例（加法）运算电路

U_{i1}(V)							
U_{i2}(V)							
U_o(V)							

3. 差分比例运算

按图 5-4-1c 所示差分比例运算电路接线。当输入端 A、B 同时加入信号电压 U_{i1}、U_{i2}时，因为电路参数对称，$R_1=R_2$，$R_f=R_3$，则

$$U_o = \frac{R_f}{R_1}(U_{i2} - U_{i1})$$

测量要求与反相比例（加法）运算类同，把数据记录在表 5-4-3 中。

表 5-4-3　差分比例运算电路

U_{i1}(V)									
U_{i2}(V)									
U_o(V)									

4. 积分运算

按图 5-4-1d 所示积分运算电路接线，输入预先调好的 −0.5V 电压，切换开关 S_0 合

向接地端“1”，此时运放输入为零，同时令电容短接，为保证电容上无电荷积累，$U_o=0$。切换开关 S_0 合向输入端“2”同时断开电容上的短接线，并开始计时。每隔 5s 读取一次输出电压值，直到输出电压无明显增大为止。把数据记录在表 5-4-4 中。

表 5-4-4　积分运算电路

T(s)	0	5	10	20	25	…							
U_o(V)													

三、实验思考

(1) 比较交流法和直流法测电压传输特性的异同。

(2) 根据测得的同相比例运放电压传输特性，画出反相比例电压传输特性。

(3) 为什么集成运放在应用中必须用外接负反馈网络构成闭环，才能实现各种模拟运算？

(4) 注意输入电压的大小要适当，避免进入晶体管的饱和区。

第五节　集成运放应用于波形发生电路

一、实验任务

(1) 掌握由集成运放电路组成的三种波形发生电路。

(2) 熟悉 RC 桥式正弦波振荡电路、方波信号发生电路、三角波信号发生电路。

二、实验指导

图 5-5-1 所示为集成运放电路组成的波形发生电路的参考电路。

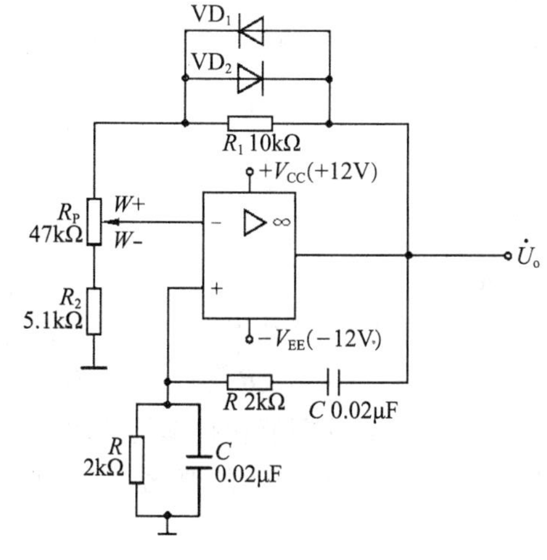

(a) RC 桥式正弦波振荡电路

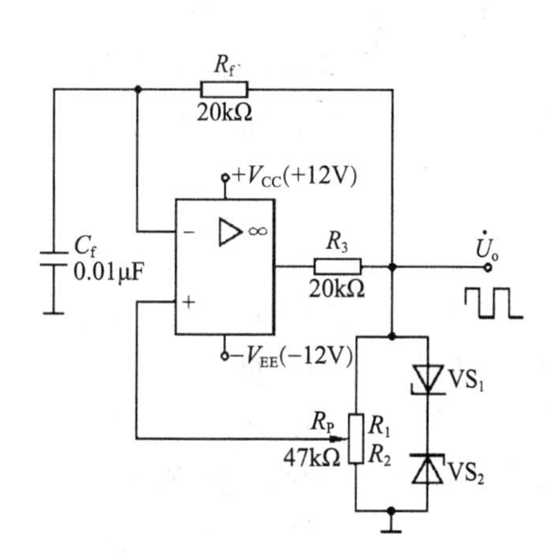

(b) 方波信号发生电路

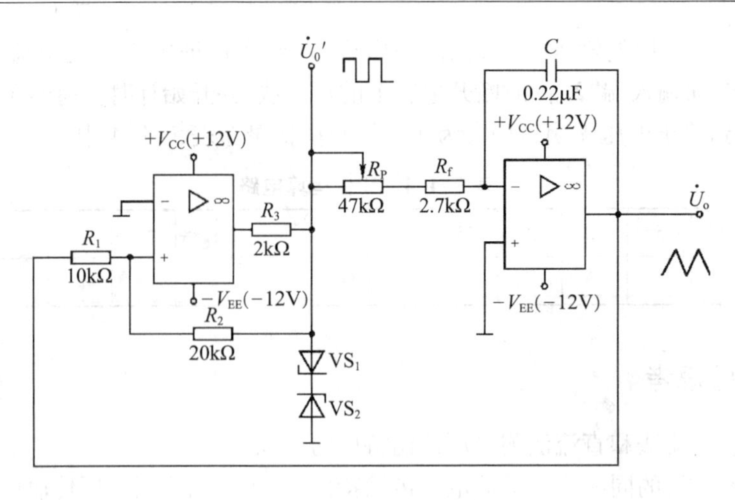

(c) 三角波信号发生电路

图 5-5-1　集成运放电路组成的波形发生电路的参考电路

1. RC 桥式正弦波振荡电路(振荡频率可调)

如图 5-5-1a 所示为 RC 桥式正弦波振荡电路,其振荡频率为

$$f_0 = \frac{1}{2\pi RC}$$

为了建立振荡,要求电路满足自激振荡条件。调节电位器 R_P 可改变电压放大倍数 A_f 的大小,即改变输出电压 U_o 幅值。负反馈电路中接入与电阻 R_1 并联的二极管 VD_1、VD_2,可以实现振荡幅度的自动稳定。

按图 5-5-1a 所示 RC 桥式正弦波振荡电路接线。先改变反馈电路上电位器 R_P 值,使电路输出正弦电压,观察且描绘波形。再用示波器监视输出电压为最大不失真,读取输出电压的频率和幅值,测量反馈电压 U_+ 和 U_-。最后使二极管 VD_1、VD_2分别在接入和断开情况下,调节电位器 R_P,在输出不失真条件下记下 R_P 可调范围,研究二极管的稳幅作用。把各项数据记录在自拟表格中。

2. 方波信号发生电路

如图 5-5-1b 所示为方波信号发生电路。在反相滞回比较器电路中,增加一条由 R_fC_f 积分电路组成的负反馈电路,电路的限流电阻 R_3 和稳压二极管 VS_1 和 VS_2 组成双向限幅电路,构成了简单的方波信号发生电路。RC 回路既作为延迟环节,又作为反馈网络,通过 RC 充、放电实现输出状态的自动转换,其振荡频率为

$$f_0 = \frac{1}{2R_fC_f\ln\left(1 + \frac{2R_2}{R_1}\right)}$$

按图 5-5-1b 所示方波信号发生电路接线。先将电位器 R_P 滑动点置于中心位置,估算振荡频率。观察并描绘 U_o、U_c 波形,测量其幅值及频率,测量 R_1、R_2 值。再次调节 R_P 在 R_1 大于 R_2 和 R_1 小于 R_2 的情况下,分别观察 U_o、U_c 波形及幅值和频率的变化情况。最后,恢复 R_P 到中心位置,将两个稳压二极管之一短接,观察 U_o 波形的变化。把各项数据记录在自拟表格中。

3. 三角波信号发生电路

如图 5-5-1c 所示为三角波信号发生电路。在实用电路中,将方波信号发生电路中

的 RC 充、放电回路用积分运算电路来取代，滞回比较器和积分电路的输出互为另一个电路的输入，形成闭环电路。三角波信号发生器的振荡频率为

$$f_0 = \frac{R_2}{4R_1(R_f + R_P)C}$$

在 R_f 上串联一个可调电位器 R_P，调节 R_P 的大小则可以调节电路的振荡频率。

按图 5-5-1c 所示三角波信号发生电路接线。先调节电位器 R_P 滑动点到中心位置，估算振荡频率。观察并描绘振荡波形，测量其幅值及频率，测量 R_P 值。再改变 R_P，观察振荡波形、幅值及频率变化情况。把各项数据记录在自拟表格中。

三、实验思考

（1）实验前，按设计的电路估算三种电路的振荡频率。

（2）讨论调节 R_f 对建立 RC 正弦波自激振荡的影响。

（3）绘制三种电路的输出电压波形，并将实测频率与理论值进行比较。

第六节　无输出变压器的功率放大电路（OTL 电路）

一、实验任务

（1）理解无输出变压器的功率放大电路（OTL 电路）的工作原理。

（2）学会 OTL 电路的调试方法，测试其主要技术指标。

二、实验指导

图 5-6-1 所示为无输出变压器的功率放大电路（OTL 电路）的参考电路，按图接线。其中晶体管 VT_1 组成了推动级（或称前置放大级），VT_2、VT_3 是一对参数对称的 NPN 和

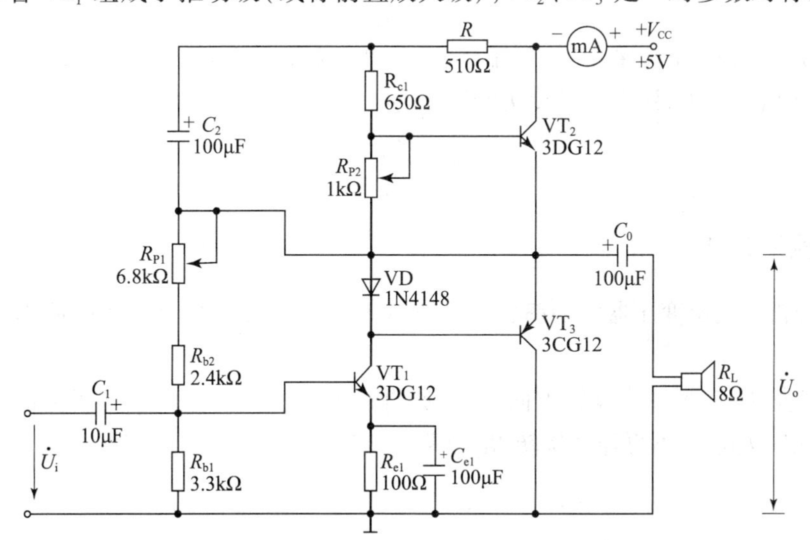

图 5-6-1　无输出变压器的功率放大电路（OTL 电路）的参考电路

PNP 型三极管，它们组成互补推挽 OTL 功放电路。由于每一个管子都接成射极输出器形式，因此，功放电路具有输出电阻低、带负载能力强等优点，适合作为功率输出级。功放管工作于甲类状态，管子的集电极电流 I_{C1} 由电位器 R_{P1} 进行调节。I_{C1} 的一部分流经电位器 R_{P1} 及二极管 VD，给 VT_2、VT_3 提供偏压。调节 R_{P2}，可以使 VT_2、VT_3 得到合适的静态电流而工作在甲、乙类状态。直流电压并联负反馈，不仅能够稳定放大电路的静态工作点，同时也改善了电路的非线性失真。

1. 测量静态工作点

按图 5-6-1 所示无输出变压器的功率放大电路（OTL 电路）的参考电路接线。电源进线中串联直流数字毫安表。电位器 R_{P2} 置最小值，R_{P1} 置中间位置，接通电源。先调节电位器 R_{P1} 使输出端电位是电源之半，再调整输出级静态电流并测试各级静态工作点，记录在表 5-6-1 中。

表 5-6-1　晶体管静态工作点测量

	VT_1	VT_2	VT_3
V_B(V)			
V_C(V)			
V_E(V)			

2. 测量电路的最大输出功率 P_{om} 和转换效率 η

在电路参数确定的情况下，功率放大电路使负载可能获得的最大交流功率，称为最大输出功率 P_{om}。

功率放大电路的最大输出功率与电源所提供的功率之比称为转换效率 η。电源提供的功率是直流功率，其值等于电源输出电流平均值及其电压之积。

（1）在输入端接入中频正弦交流电压并逐渐增大，用示波器监视输出电压波形为最大不失真时，用交流毫伏表测得负载 R_L 上电压 U_{om}（有效值），即

$$P_{om}=\frac{U_{om}^2}{R_L}$$

（2）读取直流电源进线中的直流毫安表中电流值，测得直流电源输出的平均电流 I_o，近似求得 $P_V=V_{CC}I_o$，计算求出转换效率 η，即

$$\eta=\frac{P_{om}}{P_V}$$

三、实验思考

（1）分析无输出变压器的功率放大电路（OTL 电路）交越失真产生的原因及克服的方法。

（2）调整 R_{P2} 时要注意旋转方向，不能调得过大，更不能开路，以免损坏输出管。调好输出管静态电流后，不再随意旋转 R_{P2} 位置。

第七节　集成稳压电源

一、实验任务

(1) 掌握单相半波整流电路及单相桥式整流电路的工作原理。

(2) 观察几种常用滤波器的滤波效果。

(3) 掌握集成稳压电源的基本技术指标的测试方法。

二、实验指导

1. 自行设计单相半波整流电路并接线

(1) 观察输入端交流电压及负载两端电压的波形,测量其输出电压的幅值,观察纹波电压。

(2) 在整流电路与负载间接入不同的滤波电容,重复(1)的要求。

(3) 在整流电路与负载间接入电容滤波器,重复(1)的要求。

2. 自行设计单相桥式整流器电路并接线

观察输入端交流电压及负载两端电压的波形,测量其输出电压的幅值,观察纹波电压。

3. 自行设计直流稳压电源并接线

保持输入电压不变,改变负载电阻,观察和测量输入输出电压的波形。

如图 5-7-1 所示为三端式集成稳压电源的参考电路,按图接线。自行测试各项技术指标,并记录在自行拟定的表格中。

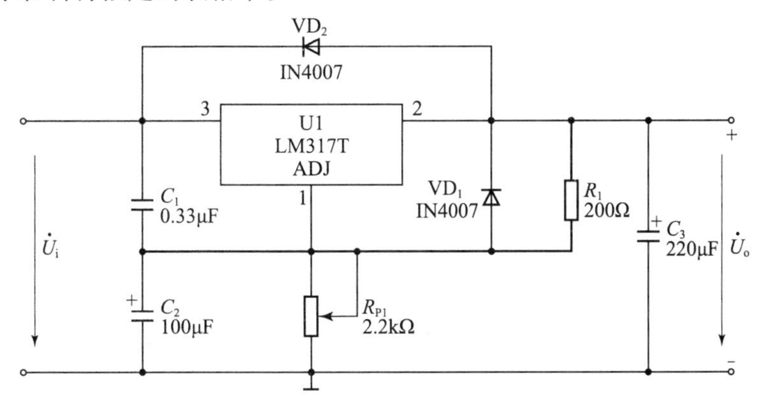

图 5-7-1　三端式集成稳压电源的参考电路

三、实验思考

(1) 说明电压有效值与纹波电压的物理意义。

(2) 熟悉所选用的三端式集成稳压器的外形和引脚排列。

(3) 讨论集成稳压电源的功能扩展。

(4) 预先了解测量各种电压值时应选用何种合适的仪器仪表。

实验名称____________________________________

学院______________________班级_________________专业_________________

姓名____________同组者姓名_____________实验时间___________成绩_____

第六章　模拟电子技术基础实验仿真

第一节　半导体二极管特性的研究

一、实验任务

研究半导体二极管在直流电路和交流电路中的不同特点。

二、选用器件

实验仿真元件及其对应名称见表 6-1-1。

表 6-1-1　实验仿真元件及其对应名称

实验仿真元件	元 件 名 称
电阻	RES
二极管	DIODESINC(型号:1N4007G)
直流稳压电源	BATTERY(型号:CELL)
信号发生器	SIGNAL GENERATOR
直流电压表	DC VOLTMETER
示波器	OSCILLOSCOPE
地	GROUND

三、半导体二极管

将半导体 PN 结用金属外壳封装起来,并加上电极引线,就构成了半导体二极管,简称二极管。由 P 区引出的电极为阳极,由 N 区引出的电极为阴极。二极管具有单向导电性。

二极管常见外形如图 6-1-1 所示。

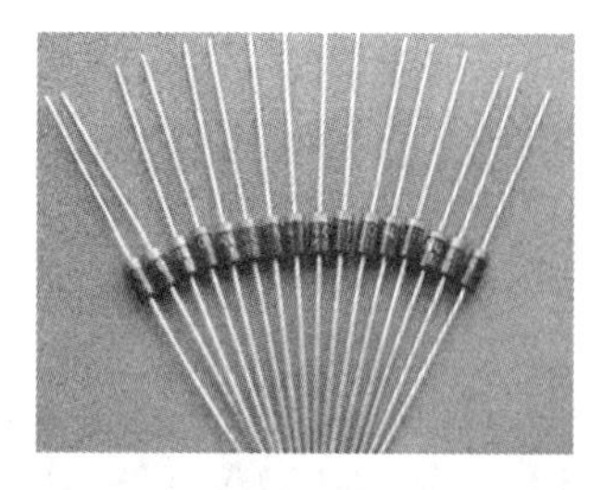

（a）直插式 IN 1N4007 整流二极管

（b）贴片式二极管 1N4148

图 6-1-1　二极管常见外形

四、构建仿真电路

模拟电路仿真时常用虚拟示波器，图 6-1-2 所示为模拟电路仿真常用虚拟示波器的界面图。

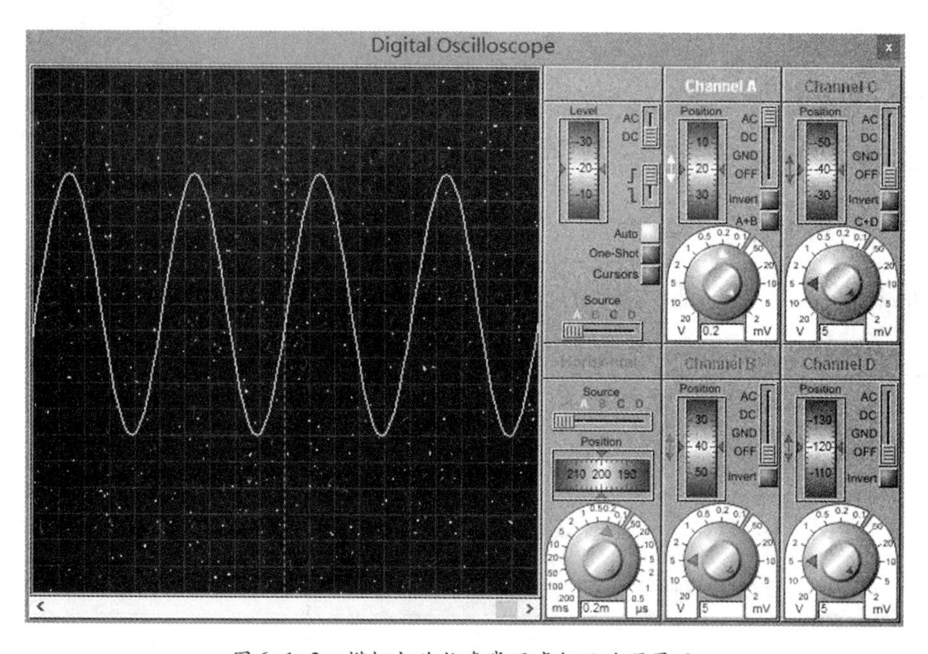

图 6-1-2　模拟电路仿真常用虚拟示波器界面

待测的正弦波电压信号从 A 通道（黄色）输入，其电压量程如图 6-1-3 所示。图中大的三角箭头指示的是电压粗调挡级的刻度，小的三角箭头指示的是电压细调挡级的刻度，电压读数从数字显示格中显示为 0.2V/格。在示波器波形显示屏中，读得正弦波的峰-峰电压占有 10 格，说明输入正弦波电压的峰-峰值为 2V。

图 6-1-3　电压量程

图 6-1-4　时间量程

待测的正弦波电压信号的时间量程如图 6-1-4 所示。图中大的三角箭头指示的是时间粗调挡级，小的三角箭头指示的是时间细调挡级，时间读数从数字显示格中显示为 0.2ms/格。在示波器波形显示屏中，正弦波变化一次所需要的时间为 5 格，说明输入正弦波电压变化一次所需要的时间为 1ms，则该正弦波变化的频率为 1kHz。

若需要得到正弦波波形上任何一点的精确读数，点击 Cursors（移动光标）按钮，则移动光标就显示在示波器波形显示屏中，如图 6-1-5 所示。

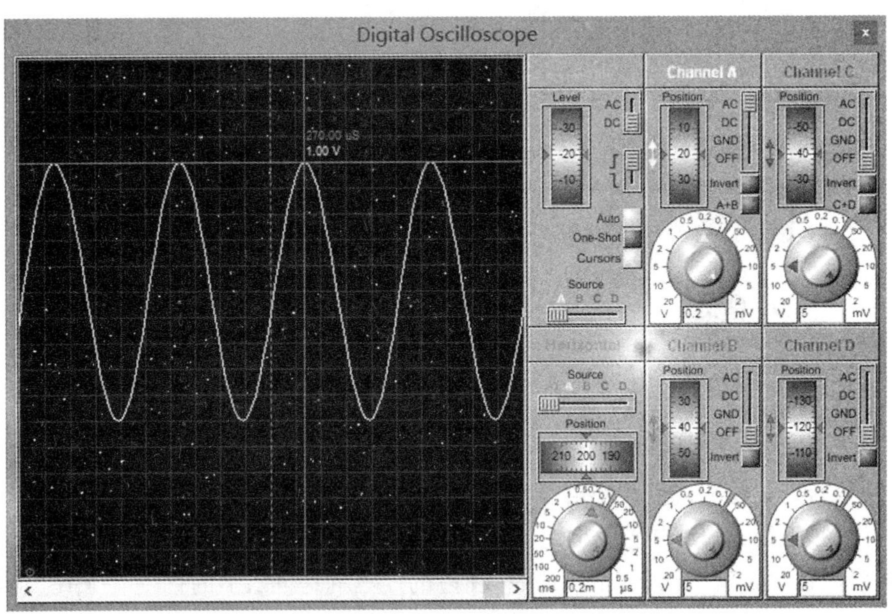

图 6-1-5　示波器波形显示屏

图中正弦波正的最大值距离坐标中心的时间为 270.00μs，说明正弦波电压变化一次所需要的时间约为 1ms，即波形变化的频率为 1kHz。正弦波电压的峰值为 1.00V，说明输入正弦波电压的峰-峰值为 2V。

信号发生器输出电压信号的界面设置如图 6-1-6 所示。

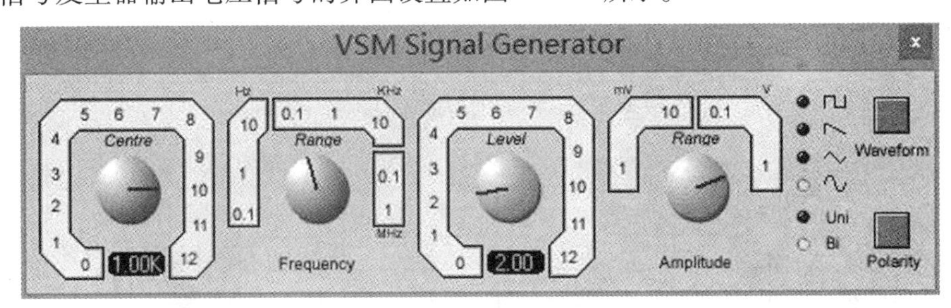

图 6-1-6　信号发生器输出电压信号的界面设置

图 6-1-7 表示信号发生器所输出的电压信号频率的直读数。从数字显示格中显示读数为 1kHz。图 6-1-8 表示信号发生器所输出的电压信号频率量程的挡级，为 0.1kHz 挡。

图 6-1-9 表示信号发生器所输出的电压信号峰-峰值的直读数。从数字显示格中显示读数为 2.00V。图 6-1-10 表示信号发生器所输出的电压信号峰-峰值量程的挡级，为 1V 挡。

图 6-1-7　输出电压频率

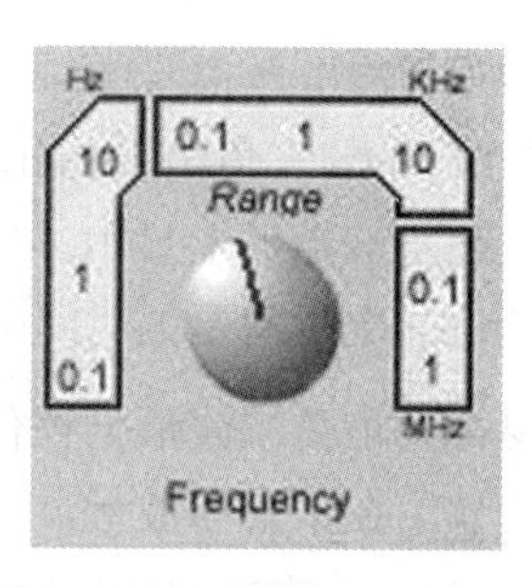

图 6-1-8　输出电压频率量程的挡级

图 6-1-9　输出电压峰-峰值的直读数

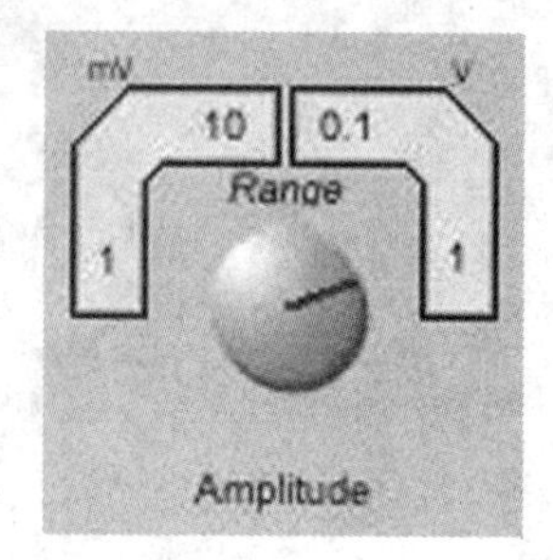

图 6-1-10　输出电压峰-峰值量程的挡级

二极管静态电压和动态电压测试的仿真电路如图 6-1-11 所示。

因为只有在正弦交流低频小信号作用下二极管才能等效成一个电阻,所以,图中正弦交流信号的频率为 1kHz、电压大小为 10mV(峰-峰值)。由于交流信号很小,输出电压不失真,故可以认为直流电压表(电压的有效值)的读数就是电阻上的直流电压值。

首先,在直流电流不同时研究二极管管压降的变化。利用直流电压表测电阻上电压,从而得到二极管管压降。其次,在直流电流不同时研究二极管交流等效电阻的变化。利用示波器测得电阻上交流电压的峰-峰值,从而得到二极管交流电压的峰-峰值。

(1) 点击拾取元器件的按钮,单击按钮 P,输入所需的元件名或型号,并将各元件拖动至编辑窗口。

(2) 点击终端按钮,在对象选择器中列出各种终端,其中包含了 GROUND(地)、POWER(直流稳压电源)在内的多个元件,选中并拖动至编辑窗口。

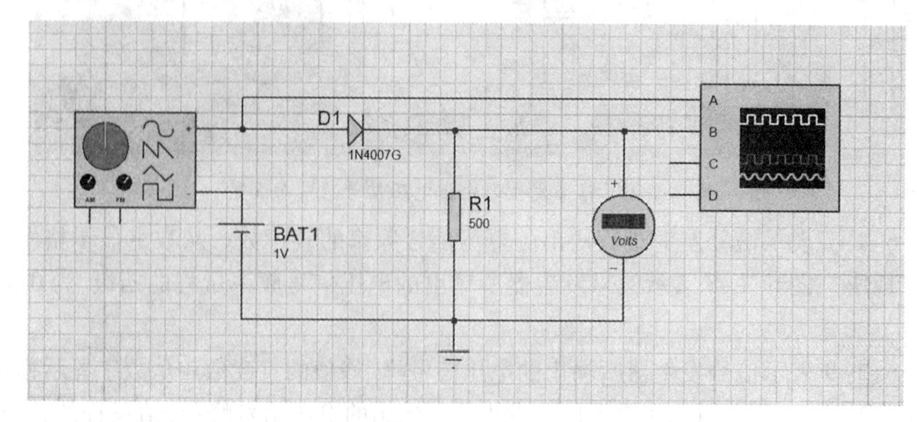

(a) 二极管静态电压和动态电压测试的仿真电路

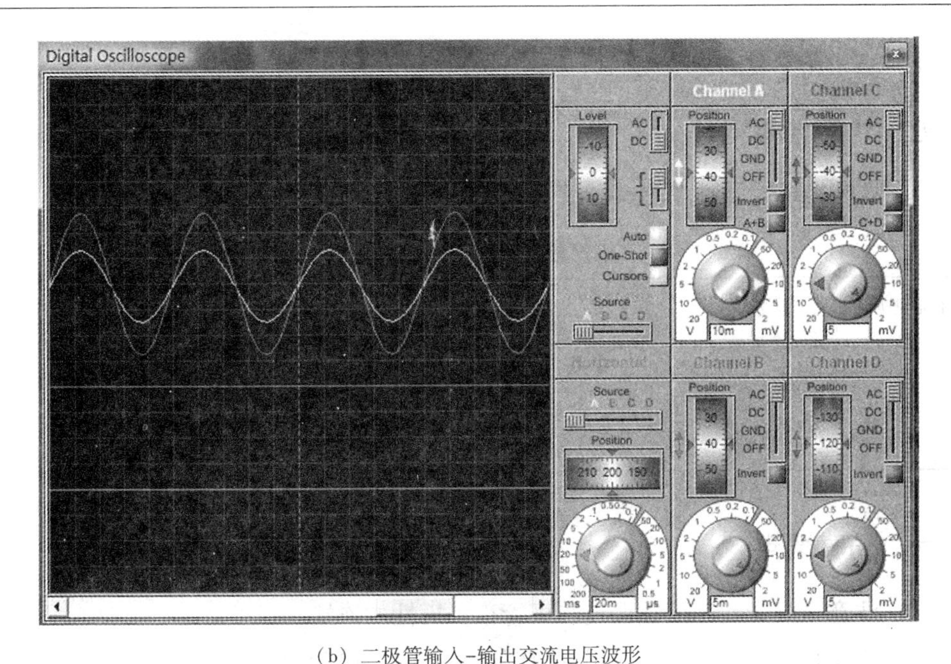

（b）二极管输入-输出交流电压波形

图 6-1-11　二极管静态电压和动态电压测试的仿真电路

（3）点击虚拟仪器按钮，选择所需的仪表，如信号发生器、示波器、电压表、电流表等。放置元器件后的界面如图 6-1-12 所示。

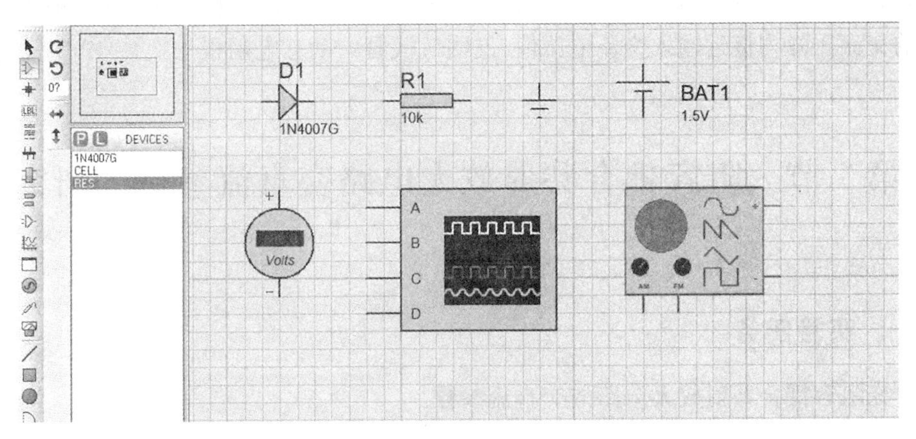

图 6-1-12　放置元器件后的界面

（4）用导线将各个元器件及测量仪表按照图 6-1-11a 连接起来。注意，一定要点击连接，不能将两个元件的触点放在一起，此时电路仍是不通的。

（5）双击或右键单击元件，选择“Edit Properties”（编辑属性）选项，修改所需元件的参数。

（6）右键点击信号发生器，选择“VSM Signal Generator”（信号发生器），弹出信号调整对话框，调整输出电压的幅值和频率，幅值大小见表 6-1-2 中的交流信号峰-峰值 U_2，并将信号频率调整为 1kHz。

（7）右键点击示波器，选择“Digital Oscilloscope”（数字示波器），弹出波形框，选择调整相应的挡值等。

（8）点击编辑界面左下角的仿真运行按钮 ▶ ，仿真电路开始运行。

五、仿真结果

将仿真结果填入表 6-1-2 中，并与理论值比较。

表 6-1-2　二极管静态电压和动态电压测试的仿真数据

直流电源 U_1(V)	交流信号峰-峰值 U_2(mV)	电阻直流电压 U_R(V)	电阻交流峰值电压 U_r(mV)	二极管直流电压 U_D(V)	二极管交流峰值电压 U_d(mV)
1	10				
4	10				

六、仿真要点

（1）注意二极管型号的选取及二极管正负极性的连接。

（2）改变直流稳压电源的输出，注意观察各个被测数值的变化。

（3）比较直流电源在 1V 和 4V 两种情况下二极管的直流管压降可知，二极管的直流电流越大，管压降越大，直流管压降不是常量。

（4）比较直流电源在 1V 和 4V 两种情况下二极管的交流管压降可知，二极管的直流电流越大，其交流管压降越小。说明随着静态电流的增大，动态电阻将减小；两种情况下电阻的交流压降均接近输入交流电压值，说明二极管的动态电阻很小。

第二节　阻容耦合共射放大电路交直流参数的研究

一、实验任务

研究阻容耦合共射放大电路的交直流参数。

二、选用器件

实验仿真元件及其对应名称见表 6-2-1。

表 6-2-1　实验仿真元件及其对应名称

实验仿真元件	元 件 名 称
电阻	RES
极性电容	CAP-POL
晶体三极管	NPN
直流电源	POWER
信号发生器	SIGNAL GENERATOR

（续表）

实验仿真元件	元 件 名 称
直流电压表	DC VOLTMETER
直流电流表	DC AMMETER
示波器	OSCILLOSCOPE
地	GROUND

三、半导体三极管

半导体三极管又称晶体三极管或晶体管。在半导体锗或半导体硅的单晶上，制备两个能相互影响的 PN 结，组成一个 PNP（或 NPN）结构。中间的 N 区（或 P 区）称为基区，两边的区域称为发射区和集电区，这三部分各有一条电极引线，分别称为基极 B、发射极 E 和集电极 C。半导体三极管是能够起放大、振荡或开关等作用的半导体电子器件。

半导体三极管实物如图 6-2-1 所示。

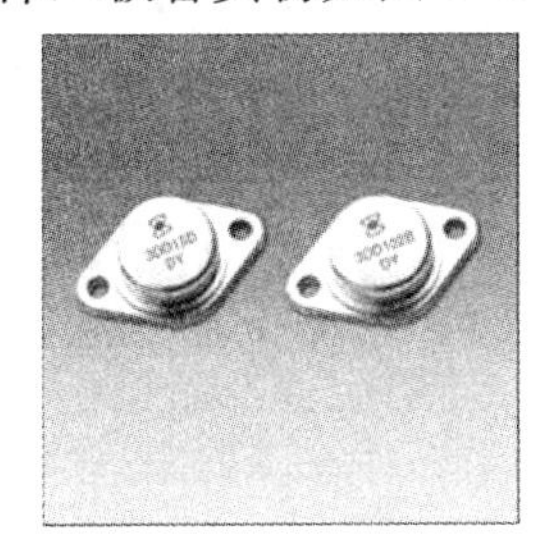

（a）3DD15D 金属封装式晶体管

（b）老式 PNP 国产三极管 3AX55C03. J

图 6-2-1　半导体三极管实物

四、构建仿真电路

仿真电路所用的信号发生器所输出的电压信号的设置方法，仿真模拟电路时常用的虚拟示波器的使用方法，请阅读本章第一节半导体二极管特性的研究中有关内容。

研究晶体管的电压放大倍数的仿真电路如图 6-2-2a、b 所示，晶体管采用 NPN 型。

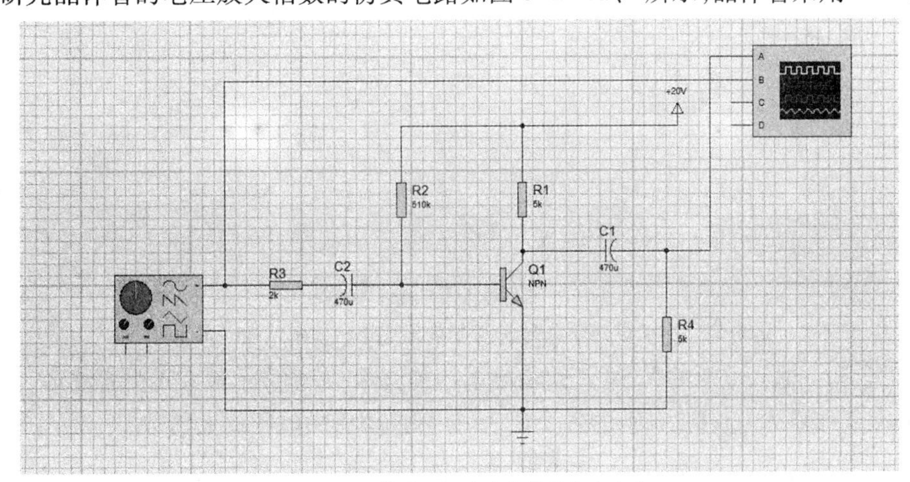

（a）研究晶体管电压放大倍数的仿真电路

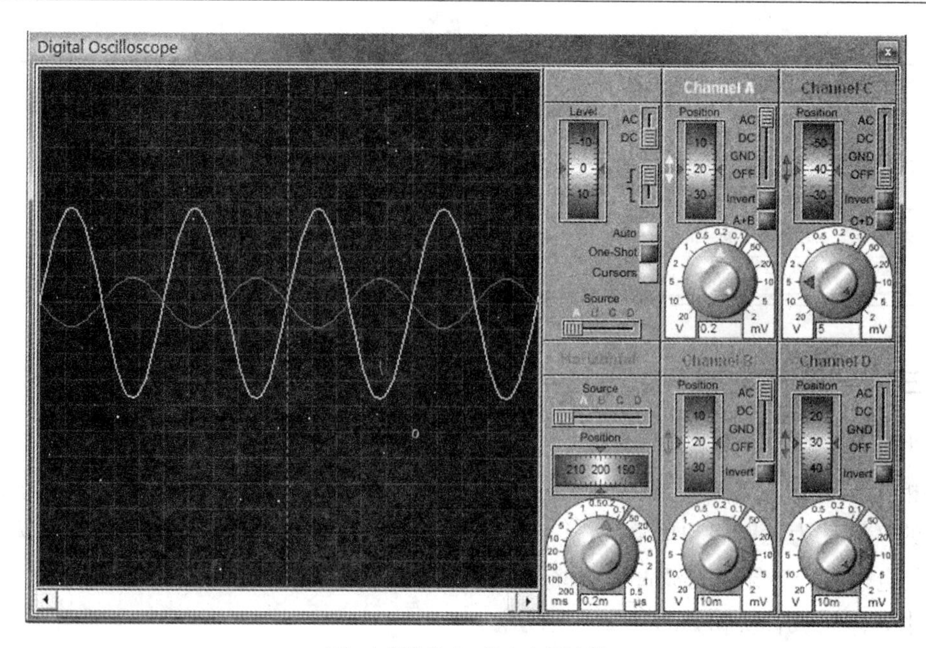

（b）电路的输入-输出电压波形

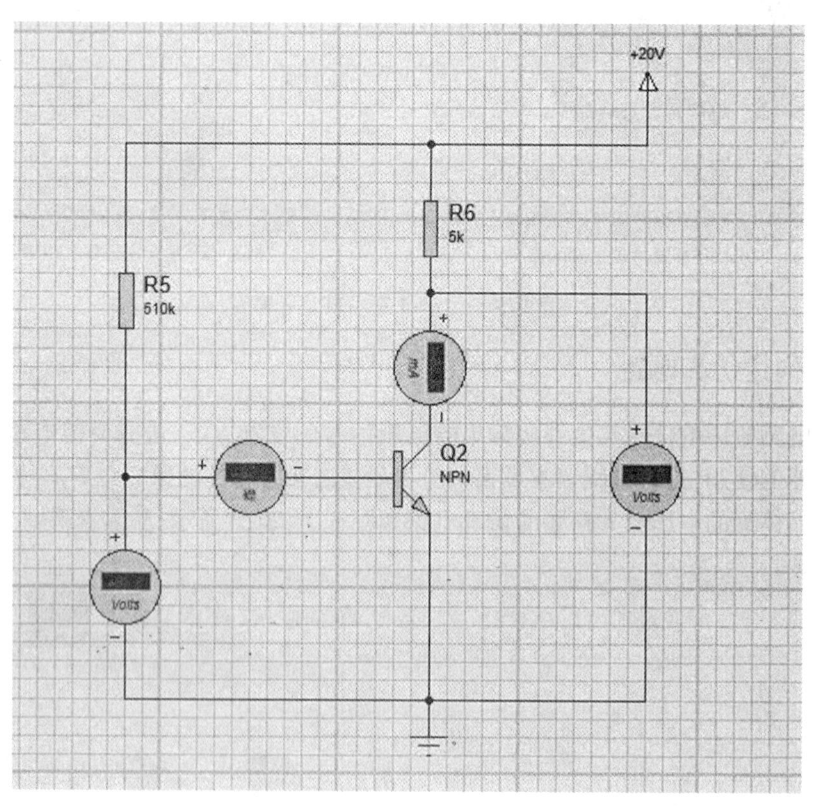

（c）测试静态工作点的仿真电路

图 6-2-2　阻容耦合共射放大电路交直流参数测试的仿真电路

首先，调节输入电压的大小，观察输出电压的波形，直至显示最大不失真波形。其次，测试静态工作点 I_B、I_C、U_{CE}、U_{BE} 的各个值，并计算晶体管的电压放大倍数。

（1）点击拾取元器件的按钮，单击按钮P，产生元器件选择界面。在“Keywords”项目栏中输入所需的元件名或型号，然后双击选中的元器件。被选中的元器件将在“DEVICES”项目栏中显示。选中所要拖动的元器件，然后在主界面中的任意位置点击，则将元器件显示在主界面上。

（2）点击终端按钮，在对象选择器中列出各种终端，其中包含了 GROUND（地）、POWER（直流稳压电源）在内的多个终端，选中并拖动至编辑窗口。把 POWER（直流稳压电源）元件的“Style”（类型）属性中的“Global Style”（全局样式）设置为“COMPONENT VALUE”（元件值），之后把其“Label”（标注）属性中的“String”（字符名称）设置为+20V。在使用 POWER（直流稳压电源）时，必须标注电源的正负极性。

（3）点击虚拟仪器按钮，选择所需的仪表，如信号发生器、示波器、电压表、电流表等。

放置元器件后的界面如图 6-2-3 所示。

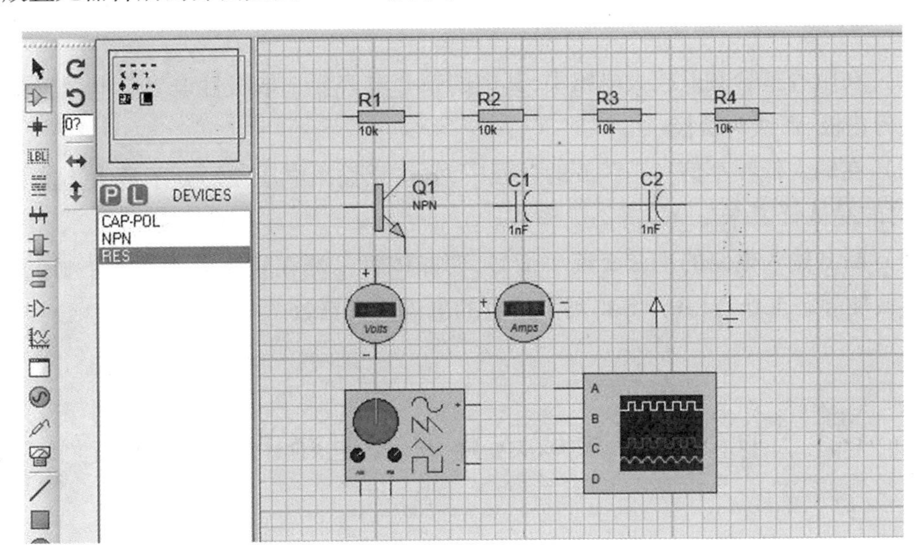

图 6-2-3　放置元器件后的界面

（4）用导线将各个元器件及测量仪表按照图 6-2-2a 所示的仿真电路连接起来。注意，一定要点击连接，不能将两个元件的触点放在一起，此时电路仍是不通的。

（5）双击或右键单击元件，选择“Edit Properties”（编辑属性）选项，修改所需元件的参数。

（6）右键点击信号发生器，选择“VSM Signal Generator”（信号发生器），弹出信号调整对话框，调整输出电压的幅值和频率，幅值大小见表 6-2-2 中的输入电压峰-峰值 U_{ipp}，并将信号频率调整为 1kHz。

（7）右键点击示波器，选择“Digital Oscilloscope”（数字示波器），弹出波形框，选择调整相应的挡值等。

（8）点击编辑界面左下角的仿真运行按钮，仿真电路开始运行。

五、仿真结果

（1）U_i = 10mV 时的 U_{BEQ}、U_{CEQ}、I_{BQ}、I_{CQ}和 $\dot{A}_u$ 的仿真结果填入表 6-2-2 中，并与理论

值比较。

表 6-2-2　共射放大电路交直流参数测试的仿真数据

输入电压峰-峰值	晶体管输入管压降	晶体管输出管压降	基极电流	集电极电流	电流放大倍数	输出电压峰-峰值	电压放大倍数
U_{ipp}(mV)	U_{BEQ}(V)	U_{CEQ}(V)	I_{BQ}(μA)	I_{CQ}(mA)	β	U_{opp}(mV)	$\lvert\dot{A}_u\rvert$

（2）通过测试最佳静态工作点，得到基极电流和集电极电流。因此，可以计算得到管子的电流放大倍数。

六、仿真要点

（1）在阻容耦合共射放大电路中，其中的耦合电容要选取极性电容。电容器图示中的直线为正极、弧线为负极。

（2）在输入低频小信号正弦波的过程中，要注意输出电压波形处于最大不能失真状态，这时的晶体管工作在最佳静态工作点。

（3）断开输入电路的正弦交流小信号，使晶体管工作在直流电源作用下，用直流电表测量最佳静态工作点，并计算得到晶体管的电流放大倍数。

第三节　理想集成运算放大电路的应用研究

一、实验任务

研究理想集成运算放大电路的应用。

二、选用器件

实验仿真元件及其对应名称见表 6-3-1。

表 6-3-1　实验仿真元件及其对应名称

实验仿真元件	元 件 名 称
电阻	RES
集成运算放大器	LM324
直流稳压电源	POWER
信号发生器	SIGNAL GENERATOR

（续表）

实验仿真元件	元件名称
示波器	OSCILLOSCOPE
地	GROUND

三、集成运算放大器

集成运算放大器简称集成运放，能构成各种运算电路，并因此得名。在运算电路中，以输入电压作为自变量，以输出电压作为函数；当输入电压变化时，输出电压将按一定的数学规律变化，即输出电压反映输入电压某种运算的结果。集成运算放大器常见外形如图 6-3-1 所示。

（a）双列直插式集成运算放大器

（b）贴片式集成运算放大器

图 6-3-1　集成运算放大器常见外形

为了实现输出电压与输入电压的某种运算关系，运算电路中的理想集成运放必须工作在线性区，因而，电路中必须引入负反馈。为了稳定输出电压，均引入电压负反馈。由此可见，运算电路的特征是从集成运放的输出端到其反相输入端之间存在反馈通路。

四、构建仿真电路

仿真电路所用的信号发生器所输出的电压信号的设置方法，仿真模拟电路时常用的虚拟示波器的使用方法，请阅读本章第一节半导体二极管特性的研究中有关内容。

用理想集成运放组成的基本运算仿真电路如图 6-3-2 所示，理想集成运放芯片采用 LM324。

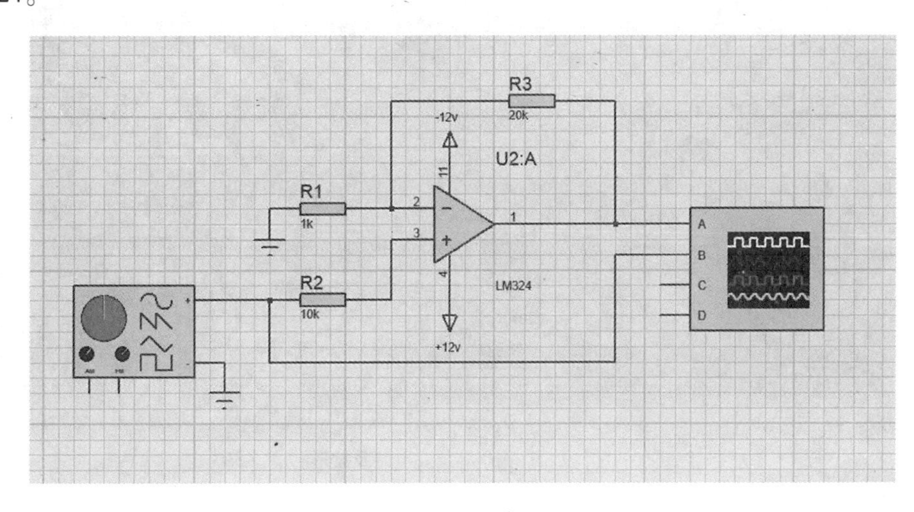

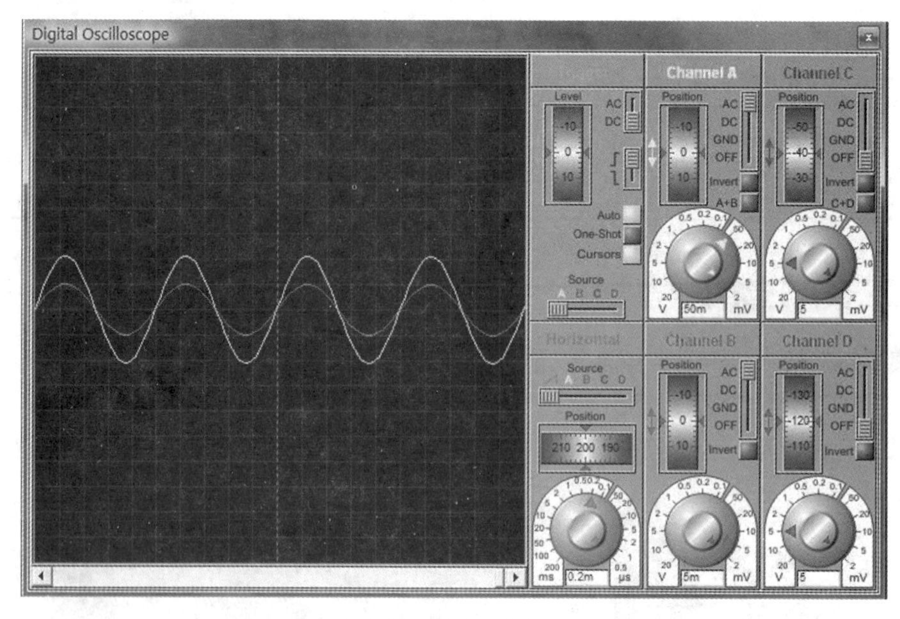

(a) 同相比例运算仿真电路及波形

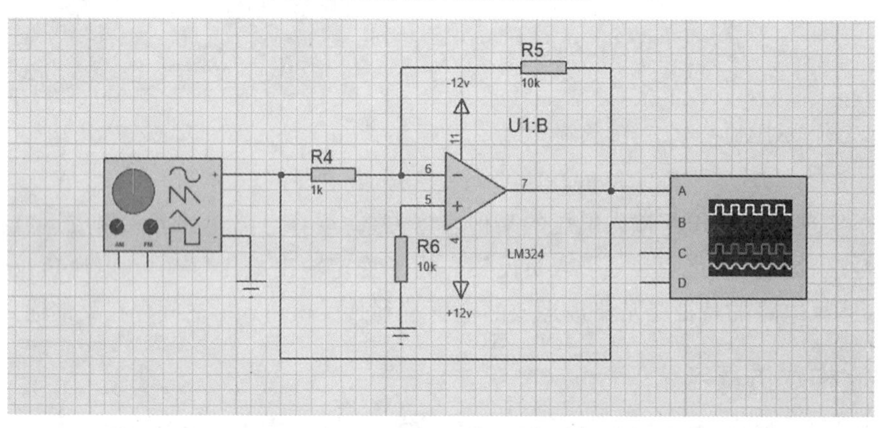

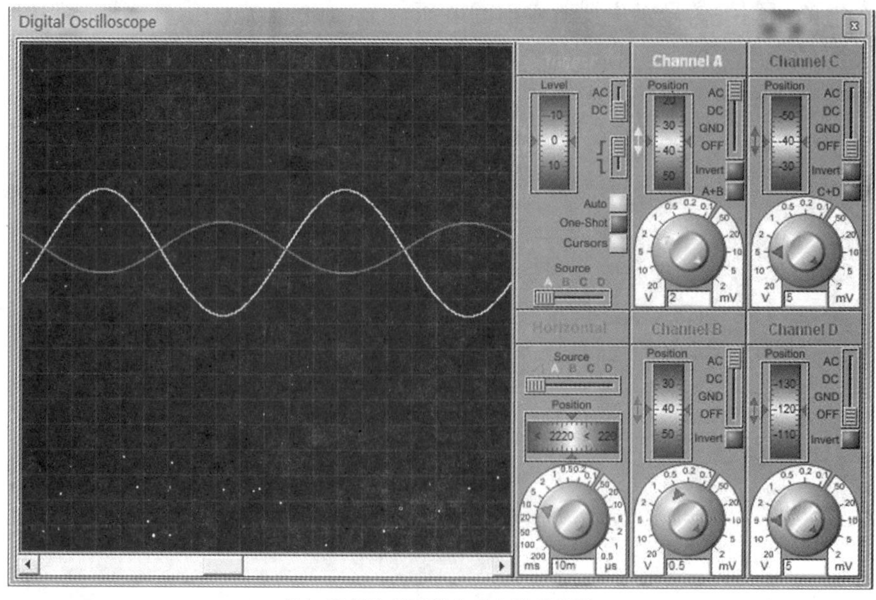

(b) 反相比例运算仿真电路及波形

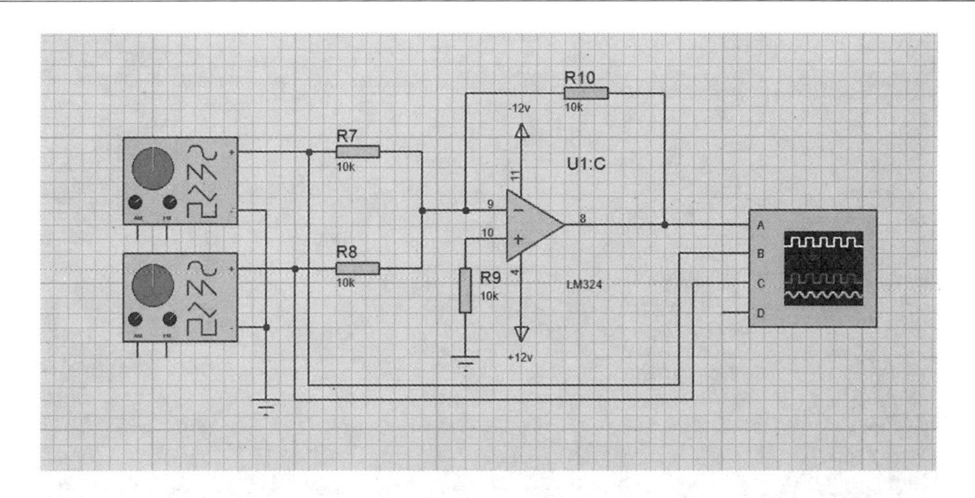

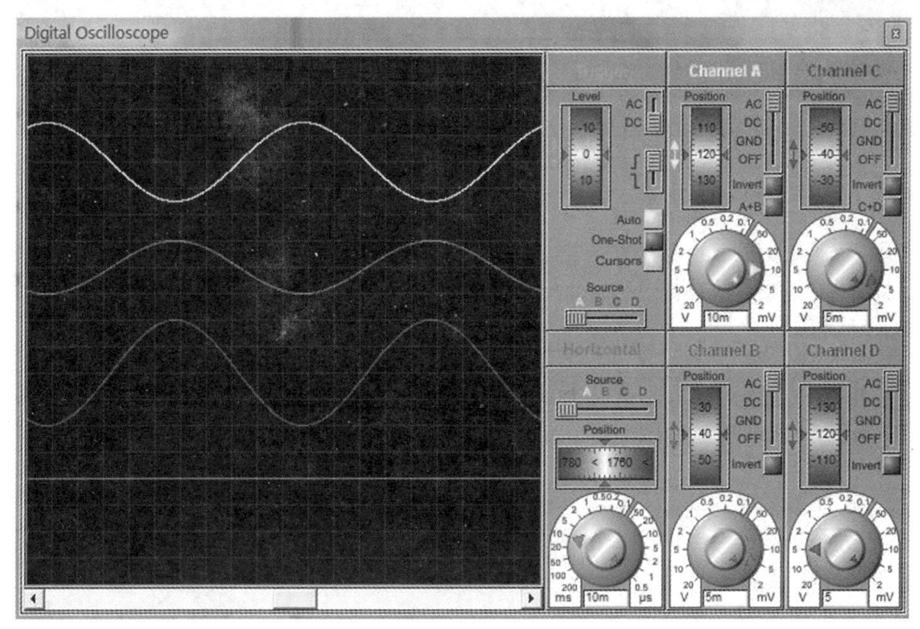

(c) 反相求和运算仿真电路及波形

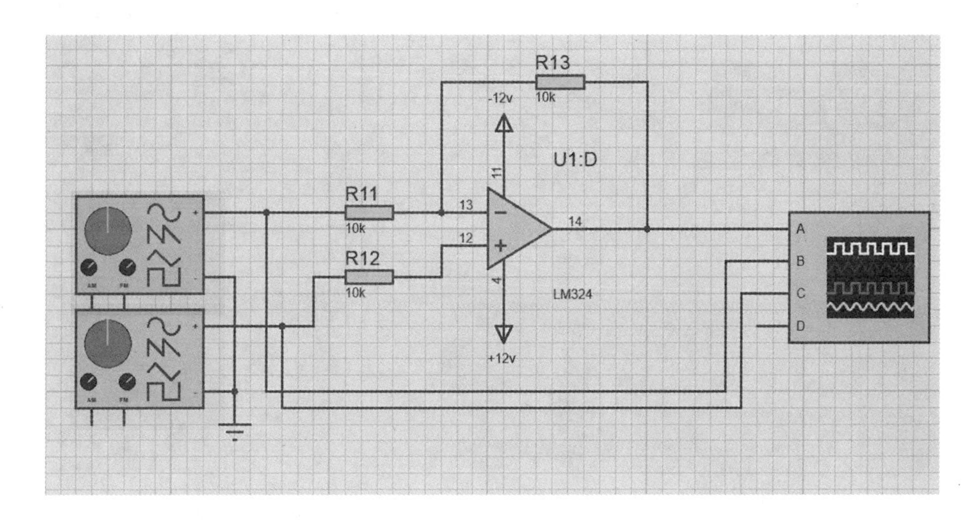

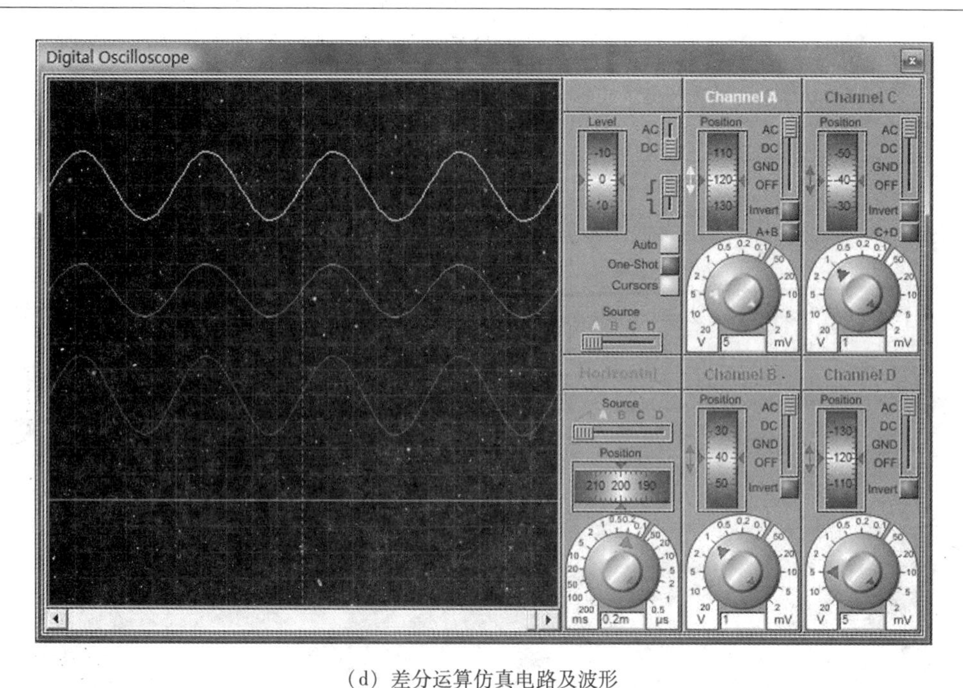

（d）差分运算仿真电路及波形

图 6-3-2　用理想集成运放组成的基本运算电路

（1）点击拾取元器件的按钮，单击按钮，输入所需的元件名或型号，并将各元件拖动至编辑窗口。

（2）点击终端按钮，在对象选择器中列出各种终端，其中包含了 GROUND（地）、POWER（直流稳压电源）在内的多个元件，选中并拖动至编辑窗口。

（3）点击虚拟仪器按钮，选择所需的仪表，如信号发生器、示波器、电压表、电流表等。

放置元器件后的界面如图 6-3-3 所示。

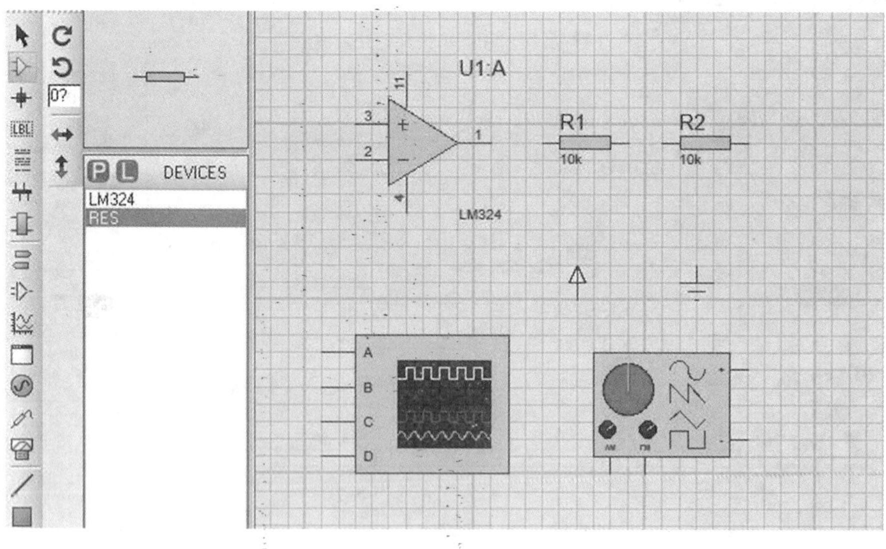

图 6-3-3　放置元器件后的界面

（4）用导线将各个元器件及测量仪表按照图6-3-2中的四个电路连接起来。注意，一定要点击连接，不能将两个元件的触点放在一起，此时电路仍是不通的。

（5）双击或右键单击元件，选择“Edit Properties”（编辑属性）选项，修改所需元件的参数。

（6）右键点击信号发生器，选择“VSM Signal Generator”（信号发生器），弹出信号调整对话框，调整输出电压的幅值和频率，幅值大小参考仿真数据表6-3-2～表6-3-5的输入信号 U_i 和 U_{i1}，并将信号频率调整为1kHz。

（7）右键点击示波器，选择“Digital Oscilloscope”（数字示波器），弹出波形框，选择调整相应的挡值等，如图6-3-2所示。

（8）点击编辑界面左下角的仿真运行按钮▶，仿真电路开始运行。

五、仿真结果

用理想集成运放芯片LM324连接出四个基本运算电路，将输入电压、输出电压的波形接入示波器观察。将仿真结果填入表6-3-2～表6-3-5中，并与理论值比较。

表6-3-2　同相比例运算电路的仿真数据

输入信号 U_i(mV)	输出信号 U_o(mV)	放大倍数 A_u

表6-3-3　反相比例运算电路的仿真数据

输入信号 U_i(V)	输出信号 U_o(V)	放大倍数 A_u

表6-3-4　反相求和运算电路的仿真数据

输入信号 U_{i1}(mV)	输入信号 U_{i2}(mV)	输出信号 U_o(mV)	放大倍数 A_u

表6-3-5　差分运算电路的仿真数据

输入信号 U_{i1}(V)	输入信号 U_{i2}(V)	输出信号 U_o(V)	放大倍数 A_u

六、仿真要点

（1）在使用集成运放时，首先要阅读其数据手册，注意每个引脚的作用以及真值表等。

（2）在使用集成运放时，必须引入交流负反馈，否则系统呈非线性。

（3）根据反馈电阻和负载电阻，可以计算出集成运放的电压放大倍数。通过观察波形，可知输出电压与输入电压是否反相。

第四节　基极电阻变化对阻容耦合共射放大电路的影响

一、实验任务

研究基极电阻的变化对阻容耦合共射放大电路的静态工作点和电压放大倍数的影响。

二、选用器件

实验仿真元件及其对应名称见表 6-4-1。

表 6-4-1　实验仿真元件及其对应名称

实验仿真元件	元 件 名 称
电阻	RES
电容	CAP
晶体三极管	NPN
直流稳压电源	POWER
交流电压表	AC VOLTMETER
交流电流表	AC AMMETER
地	GROUND

三、阻容耦合共射放大电路中基极电阻的作用

在阻容耦合共射放大电路的仿真电路图 6-4-1a 中，R_B 增大时，I_{CQ}减小，U_{CEQ}增大，$|\dot{A}_u|$减小。

若

$$r_{bb'} \ll (1+\beta)\frac{U_T}{I_{EQ}}$$

则电压放大倍数为

$$A_u = \frac{\beta R'_L}{r_{be}} = \frac{\beta R'_L}{r_{bb}+(1+\beta)\frac{U_T}{I_{EQ}}} \approx \frac{I_{CQ}R'_L}{U_T}$$

表明 $\dot{A}_u$ 几乎与晶体管无关，而仅与电路中的电阻值和温度有关，且与静态的集电极电流 I_{CQ}成正比。因此，调节电阻 R_B 以改变 I_{CQ}，是改变阻容耦合共射放大电路电压放大倍数最有效的方法；而利用换管子以增大 β 的方法，对 $\dot{A}_u$ 的影响是不明显的。

实际的最大不失真输出电压值小于理论分析值。产生这种误差的主要原因在于晶体管的输入特性、输出特性总是存在非线性，而理论分析是将晶体管特性做了线性化处理。

对于实际电路，失真后的波形并不是顶部成平底或底部成平底，而是一条圆滑的曲线。测试放大电路时，可以通过输出电压波形正、负半周幅值是否相等来判断电路是否产生失真。

四、构建仿真电路

仿真电路所用的信号发生器所输出的电压信号的设置方法，仿真模拟电路时常用的虚拟示波器的使用方法，请阅读本章第一节半导体二极管特性的研究中有关内容。

阻容耦合共射放大电路的仿真电路如图 6-4-1 所示，晶体管采用 NPN 型。

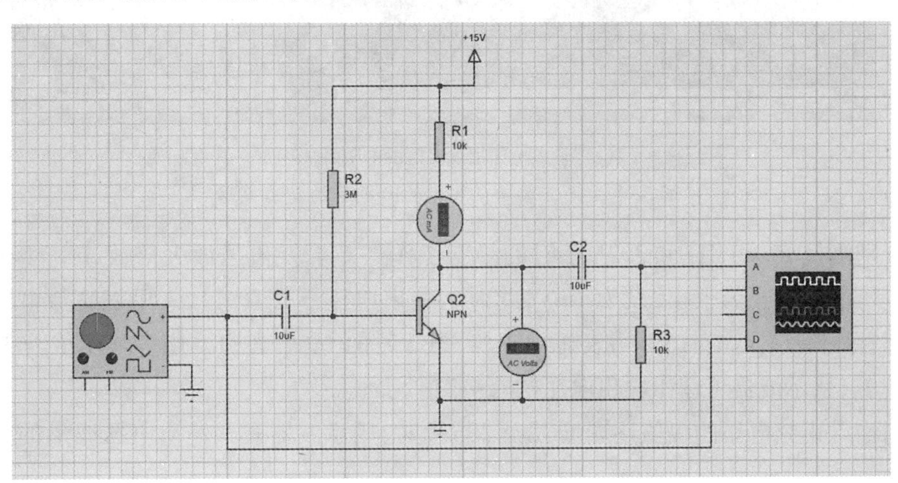

（a）电路和测试仪器的接线

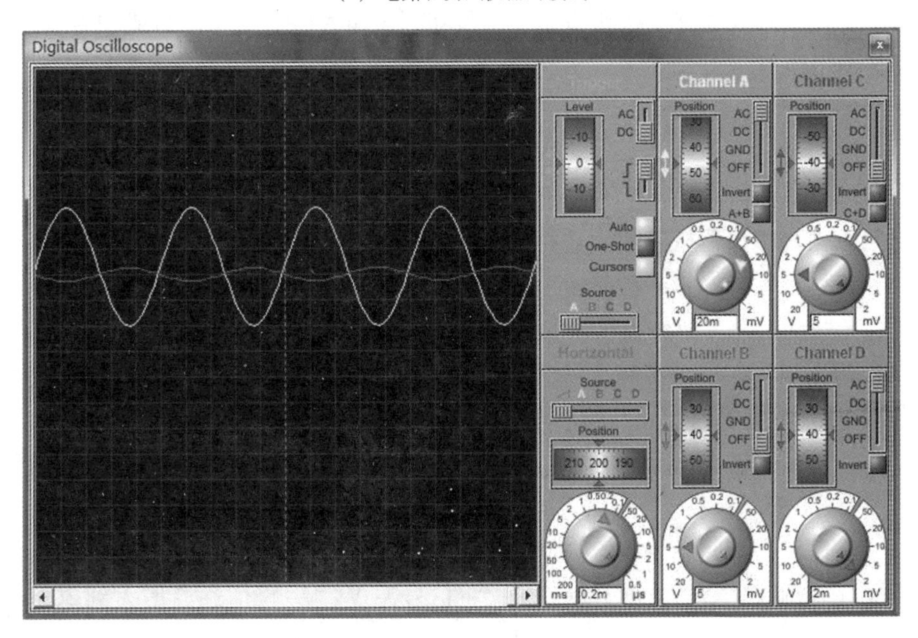

（b）电路的输入-输出电压波形

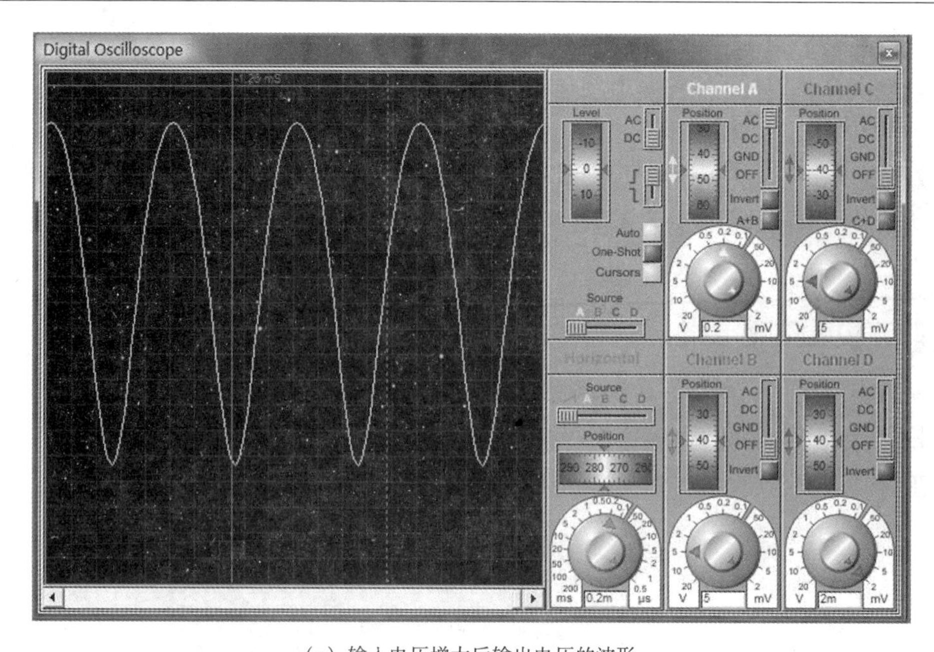

（c）输入电压增大后输出电压的波形

图 6-4-1　阻容耦合共射放大电路的仿真电路

分别测量 $R_B=3\text{M}\Omega$ 和 $3.2\text{M}\Omega$ 时的静态工作点 U_{CEQ} 及电压放大倍数 $\dot{A}_u$。由于输入正弦电压信号的幅值很小，设为 1mV，此时的输出电压不失真。从万用表直流电压挡读出静态管压降 U_{CEQ}。左边万用表显示 $R_B=3\text{M}\Omega$ 时的 U_{CEQ}，右边万用表显示 $R_B=3.2\text{M}\Omega$ 时的 U_{CEQ}，从示波器可读出输出电压的峰-峰值。

当输入正弦电压的幅值逐渐增大至 20mV 时，用示波器观察输出电压波形的变化情况。

（1）点击拾取元器件的按钮，单击按钮，输入所需的元件名或型号，并将各元件拖动至编辑窗口。

（2）点击终端按钮，在对象选择器中列出各种终端，其中包含了 GROUND（地）、POWER（直流稳压电源）在内的多个元件，选中并拖动至编辑窗口。

（3）点击虚拟仪器按钮，选择所需的仪表，如信号发生器、示波器、电压表、电流表等。

放置元器件后的界面如图 6-4-2 所示。

（4）用导线将各个元器件及测量仪表按照仿真电路图 6-4-1a 连接起来。注意，一定要点击连接，不能将两个元件的触点放在一起，此时电路仍是不通的。

（5）双击或右键单击元件，选择“Edit Properties”（编辑属性）选项，修改所需元件的参数。

（6）右键点击信号发生器，选择“VSM Signal Generator”（信号发生器），弹出信号调整对话框，在电阻 $R_B=3\text{M}\Omega$ 和 $3.2\text{M}\Omega$ 时，将信号源 V1 峰-峰值逐渐增大到 30mV，观察示波器的波形。注意，要将信号的频率调整至 1kHz。

（7）右键点击示波器，选择“Digital Oscilloscope”（数字示波器），弹出波形框，选择调

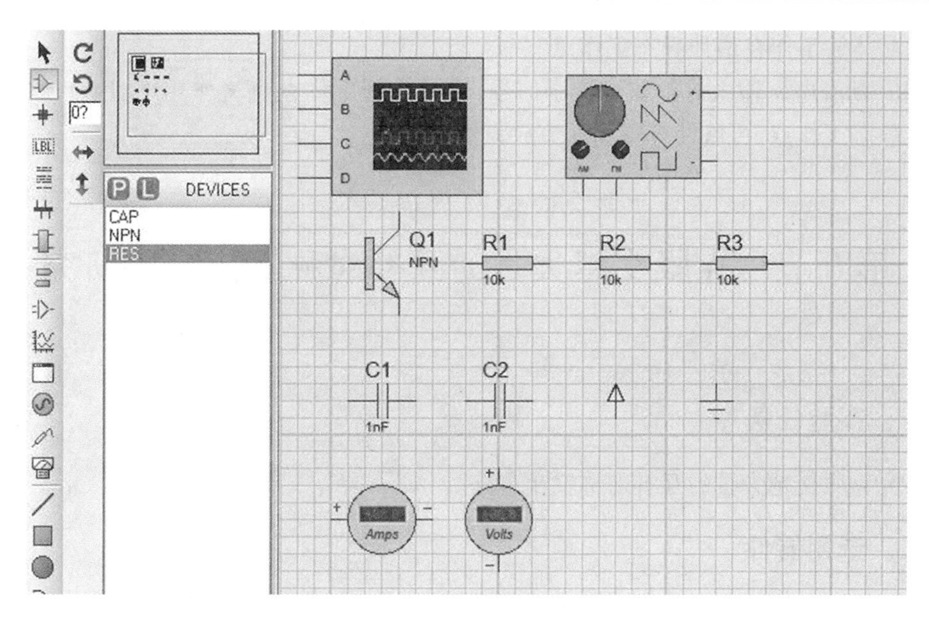

图 6-4-2　放置元器件后的界面

整相应的挡值等,如图 6-4-1a 所示。

(8) 点击编辑界面左下角的仿真运行按钮▶,仿真电路开始运行。

五、仿真结果

(1) 电阻 $R_B=3M\Omega$ 和 3.2MΩ 时,将静态工作点 U_{CEQ} 的读数和电压放大倍数 $\dot{A}_u$ 等仿真数据填入表 6-4-2 中,并与理论值比较。

表 6-4-2　静态工作点和电压放大倍数的仿真数据

基极偏置电阻	输入电压峰-峰值	晶体管输出管压降	集电极电流	输出电压峰-峰值	电压放大倍数
R_B(MΩ)	U_{ipp}(mV)	U_{CEQ}(V)	I_{CQ}(mA)	U_{opp}(mV)	$\lvert\dot{A}_u\rvert$
3					
3.2					

(2) 将信号源 V1 峰-峰值逐渐增大到 30mV 时,输出电压波形正、负半周幅值有明显差别。当 V1 峰-峰值为 20mV 时,输出电压波形仿真结果如图 6-4-1c 所示,可以得到正、负半周幅值的大小,可见波形明显失真。

六、仿真要点

(1) 在使用 POWER(直流稳压电源)器件作为直流电压源时,必须标注电源电压的正负极性。

(2) 在阻容耦合共射放大电路中,其中的耦合电容要选取极性电容。电容器图示中的直线为正极、弧线为负极。

(3) 在输入小信号正弦波的过程中,要注意输出电压波形处于最大不能失真状态,这时的晶体管工作在最佳静态工作点。

(4) 断开电路输入的正弦交流小信号,使晶体管工作在直流作用下,用直流电表测量最佳静态工作点,可以计算得到电流放大倍数。

第五节　克服交越失真的互补对称输出电路研究

一、实验任务

研究克服交越失真的互补对称输出电路。

二、选用器件

实验仿真元件及其对应名称见表 6-5-1。

表 6-5-1　实验仿真元件及其对应名称

实验仿真元件	元 件 名 称
NPN 型三极管	2N3904
PNP 型三极管	2N3906
二极管	1N4007
直流稳压电源	POWER
信号发生器	SIGNAL GENERATOR
直流电压表	DC VOLTMETER
交流电压表	AC VOLTMETER
示波器	OSCILLOSCOPE
地	GROUND

三、克服交越失真的互补对称输出电路

如图 6-5-1 所示为互补对称输出静态、动态仿真电路及输入/输出电压波形。

利用直流电压表,测量两个电路中晶体管基极 B 和发射极 E 的电位,得到对应的静态工作点。(基本互补对称)静态输出仿真电路如图 6-5-1a 所示,(克服交越失真互补对称)静态输出仿真电路如图 6-5-1b 所示。

用示波器分别观察两个电路输入电压波形和输出电压波形,并测试输出电压的幅值。(基本互补对称)动态输出仿真电路如图 6-5-1c 所示,(克服交越失真互补对称)动态输出仿真电路如图 6-5-1d 所示。

晶体管采用 NPN 型 2N3904 和 PNP 型 2N3906,二极管采用 1N4007。

在实际电路中,几乎不可能得到具有完全理想对称性的 NPN 型和 PNP 型晶体管,但是在仿真软件 Proteus 中却可以做到。因此,通过仿真可以观察由于晶体管输入特性影响

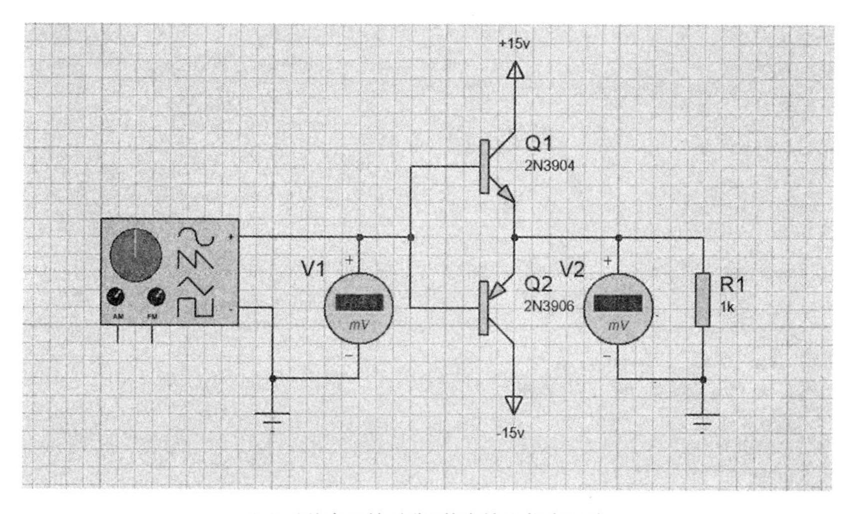

(a)(基本互补对称)静态输出仿真电路

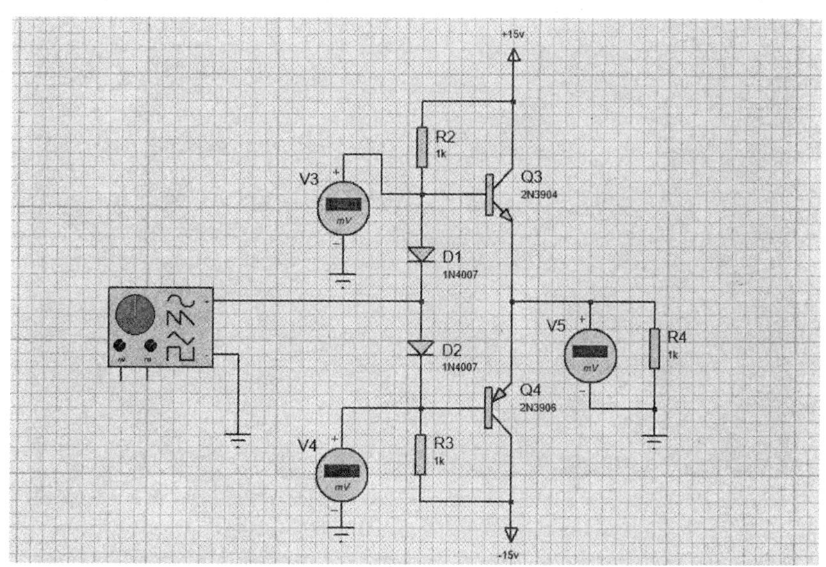

(b)(克服交越失真互补对称)静态输出仿真电路

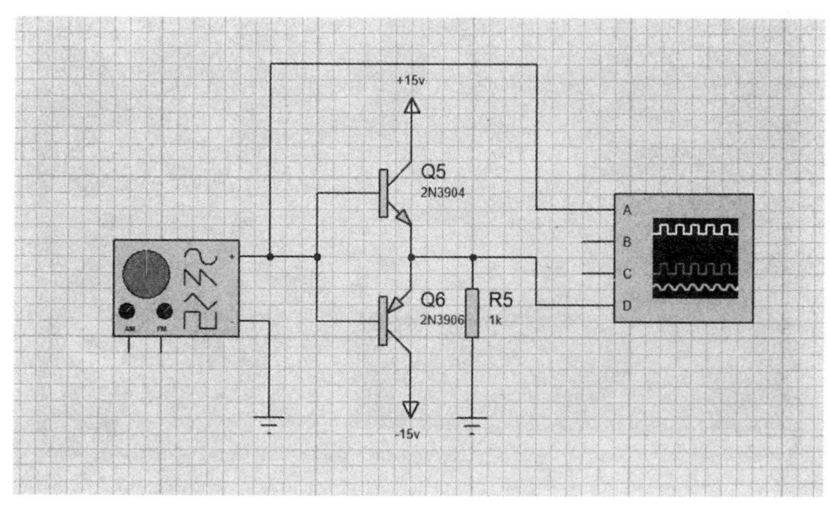

(c)(基本互补对称)动态输出仿真电路

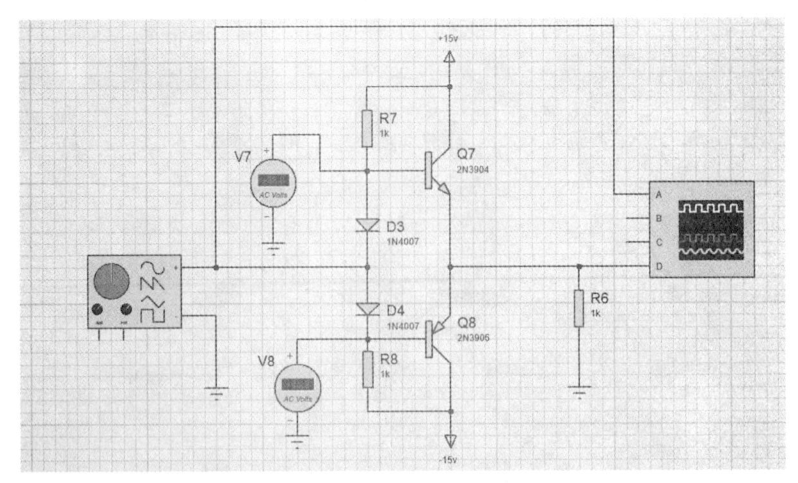

（d）（克服交越失真互补对称）动态输出仿真电路

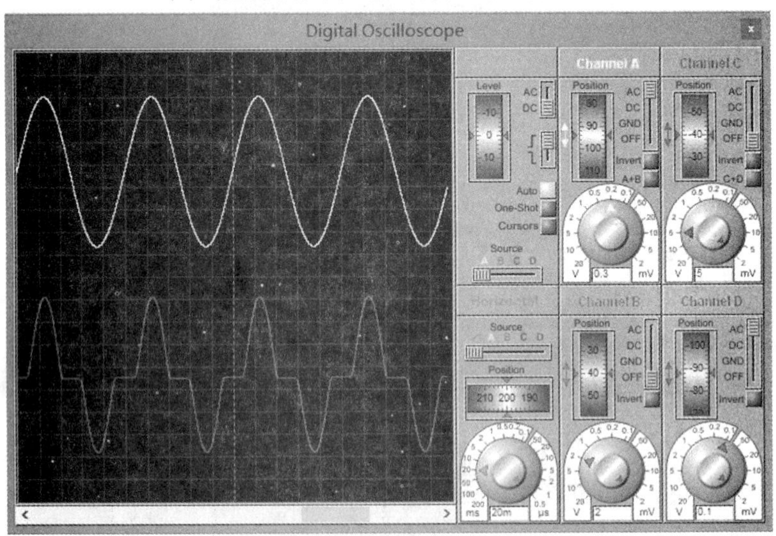

（e）（基本互补对称）动态输出仿真电路的输入/输出电压波形

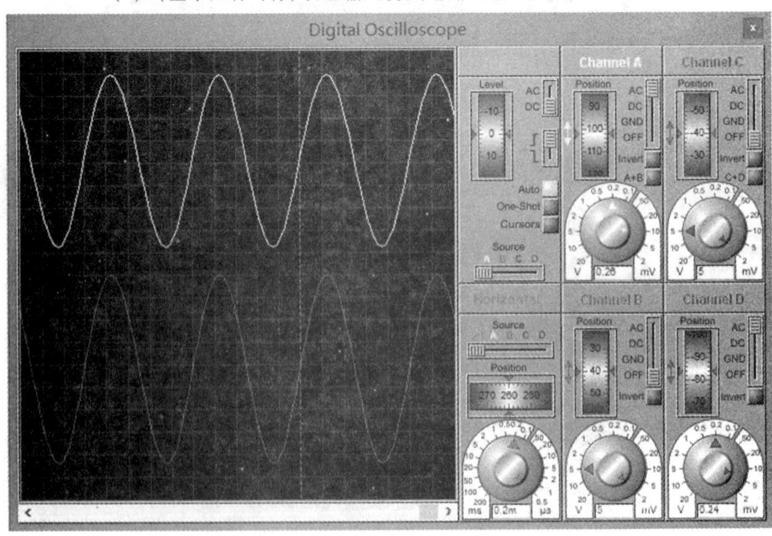

（f）（克服交越失真互补对称）动态输出仿真电路的输入/输出电压波形

图 6-5-1　互补对称输出静态、动态仿真电路及输入/输出电压波形

所产生的交越失真以及消除失真的方法。

四、构建仿真电路

仿真电路所用的信号发生器所输出的电压信号的设置方法,仿真模拟电路时常用的虚拟示波器的使用方法,请阅读本章第一节半导体二极管特性的研究中有关内容。

(1) 点击拾取元器件的按钮,单击按钮P,输入所需的元件名或型号,并将各元件拖动至编辑窗口。

(2) 点击终端按钮,在对象选择器中列出各种终端,其中包含了GROUND(地)、POWER(直流稳压电源)在内的多个元件,选中并拖动至编辑窗口。

(3) 点击虚拟仪器按钮,选择所需的仪表,如信号发生器、示波器、电压表、电流表等。

放置元器件后的界面如图6-5-2所示。

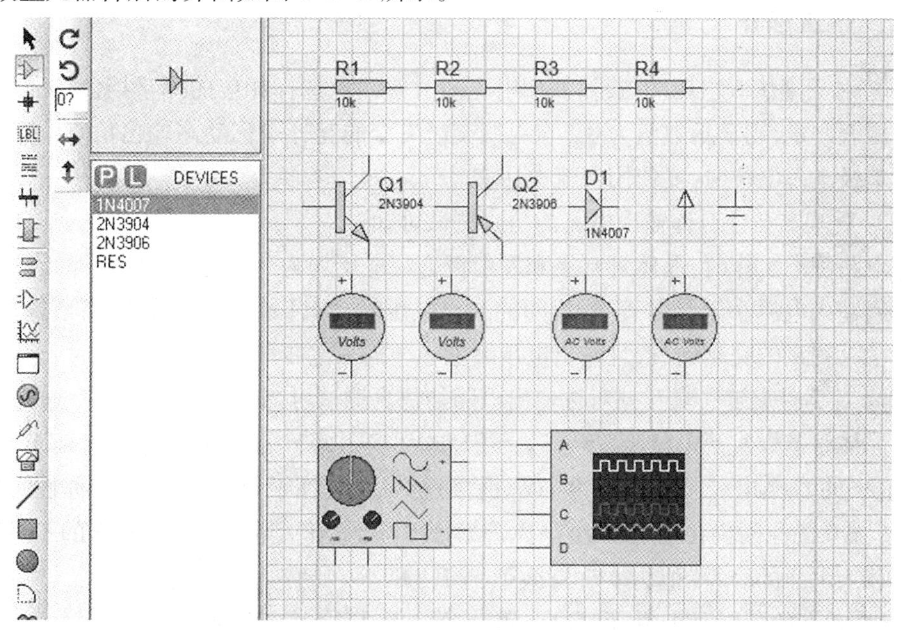

图6-5-2　放置元器件后的界面

(4) 用导线将各个元器件及测量仪表按照图6-5-1所示的各个电路连接起来。注意,一定要点击连接,不能将两个元件的触点放在一起,此时电路仍是不通的。

(5) 双击或右键单击元件,选择"Edit Properties"(编辑属性)选项,修改所需元件的参数。

(6) 右键点击信号发生器,选择"VSM Signal Generator"(信号发生器),弹出信号调整对话框,调整输出电压的幅值和频率,幅值大小见表6-5-2中的输入信号峰-峰值,并将信号的频率调整至1kHz。

(7) 右键点击示波器,选择"Digital Oscilloscope"(数字示波器),弹出波形框,选择调整相应的挡值等。

(8) 点击编辑界面左下角的仿真运行按钮,仿真电路开始运行。

五、仿真结果

将仿真结果填入表 6-5-2 和表 6-5-3 中,并与理论值比较。

表 6-5-2　基本互补输出仿真电路的仿真数据

直流电位 U_{B1}(mV)	直流电位 U_{B2}(mV)	输入电压峰-峰值(V)	输出电压峰-峰值(V)

表 6-5-3　克服交越失真互补输出仿真电路的仿真数据

直流电位 U_{B3}(mV)	直流电位 U_{B4}(mV)	直流电位 U_{E3}(mV)	输入电压峰-峰值(V)	Q_7 基极动态电位(V)	Q_8 基极动态电位(V)	输出电压峰-峰值(V)

六、仿真要点

(1) 对于毫伏级电压的测量,使用电压表时要注意选择相应的测量挡值。如果用伏特级电压表测量,则显示数值为 0。在克服交越失真的互补对称动态输出仿真电路中,测管子的基极动态电位时,要使用交流电压表。

(2) 对基本互补对称输出电路的仿真测试可知:

①电路静态工作时,晶体管基极和发射极直流电压均为 0,静态功耗小。

②当输入电压小于晶体管 B-E 间的开启电压时,两只晶体管均截止,所以输出信号波形产生了明显的交越失真,且输出电压峰值小于输入电压峰值。

(3) 对克服交越失真互补对称输出电路的仿真测试可知:

①晶体管基极直流电位 $U_{B3} \approx -U_{B4} \approx 715mV$,表明两只管子在静态时均处于导通状态,发射极的直流电位 $U_{E3} \approx 14.9$ mV,很接近 0,说明管子具有很好的对称性。$U_{B3} \neq -U_{B4}$、$U_{E3} \neq 0$ 的原因仍在于 NPN 型晶体管 2N3904 和 PNP 型晶体管 2N3906 的不对称性。

②输入电压的峰-峰值为 4V,有效值约 1.41V。在动态测试中,$U_{B7} = U_{B8} = 1.58V \approx U_i$,说明在动态的近似分析中,可将 Q_7 和 Q_8 的基极与输入端看成一个点。

③输出电压峰值与输入电压峰值相差无几,且输出信号波形没有产生失真,说明合理设置静态工作点是消除交越失真的基本方法,而且使电路的射极电压跟随特性更好。

第六节　OCL 互补对称功率放大电路输出功率和转换效率的研究

一、实验任务

研究 OCL 互补对称功率放大电路的输出功率和转换效率。

二、选用器件

实验仿真元件及其对应名称见表 6-6-1。

表 6-6-1　实验仿真元件及其对应名称

实验仿真元件	元 件 名 称
电阻	RES
NPN 型三极管	2SC2547
PNP 型三极管	2SA872
直流稳压电源	POWER
直流电压表	DC VOLTMETER
直流电流表	DC AMMETER
信号发生器	SIGNAL GENERATOR
示波器	OSCILLOSCOPE
地	GROUND

三、功率管

在放大电路中担任电路末级输出的晶体三极管称为功率管。功率管分为大功率管和小功率管,一般集电极耗散功率大于 1W 的称为大功率管,如国产的 3DD 和 3DA 型管子,日产的 2SD 和 2SC 管子。功率管常见外形如图 6-6-1 所示。

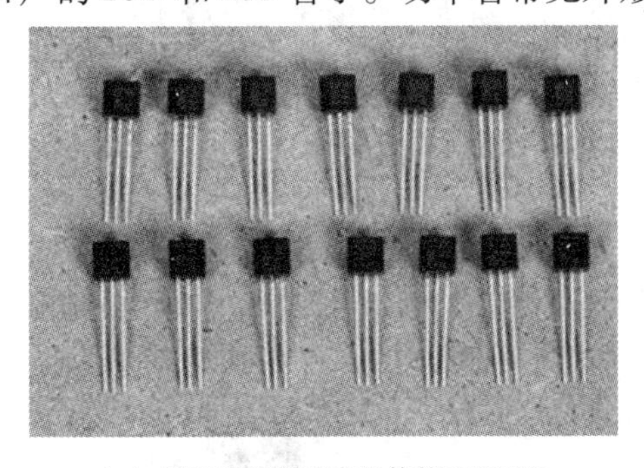

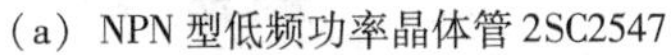

（a）NPN 型低频功率晶体管 2SC2547

（b）PNP 型低频功率晶体管 2SA872

图 6-6-1　功率管常见外形

(有交越失真)OCL 功放电路输出功率测试的仿真电路如图 6-6-2 所示,(克服交越失真)OCL 功放电路输出功率测试的仿真电路如图 6-6-3 所示。图中采用 NPN 型低频功率晶体管 2SC2547,PNP 型低频功率晶体管 2SA872。

电路的输出功率 P_o 为交流功率,可采用功率表测量。电源消耗的功率 P_V 为平均功率,可采用直流电流表测量电源的输出平均电流,然后计算求出 P_V。

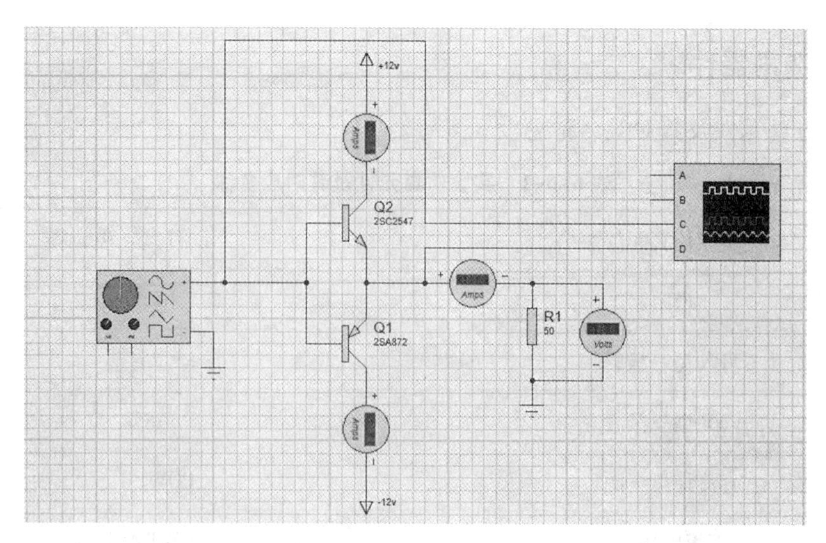

(a)（有交越失真）功放电路的仿真电路

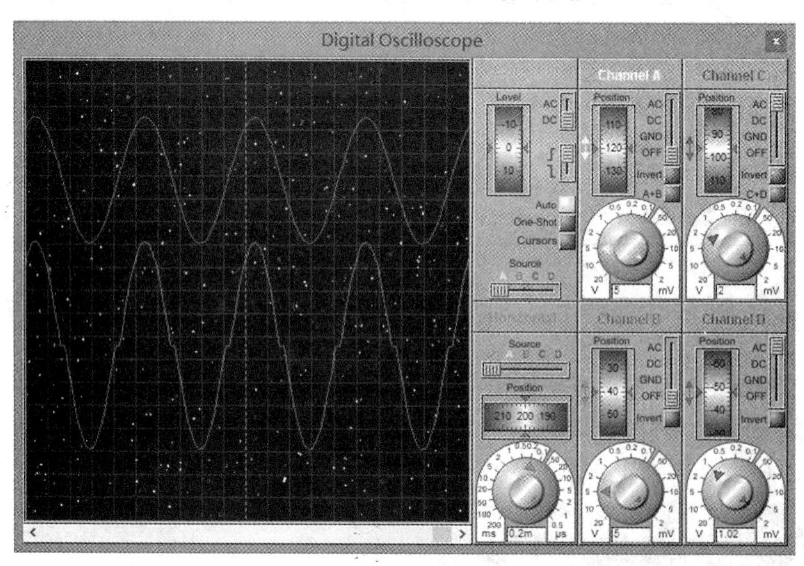

(b)（有交越失真）输出电压波形的测量

图 6-6-2　(有交越失真)OCL 功放电路输出功率测试的仿真电路

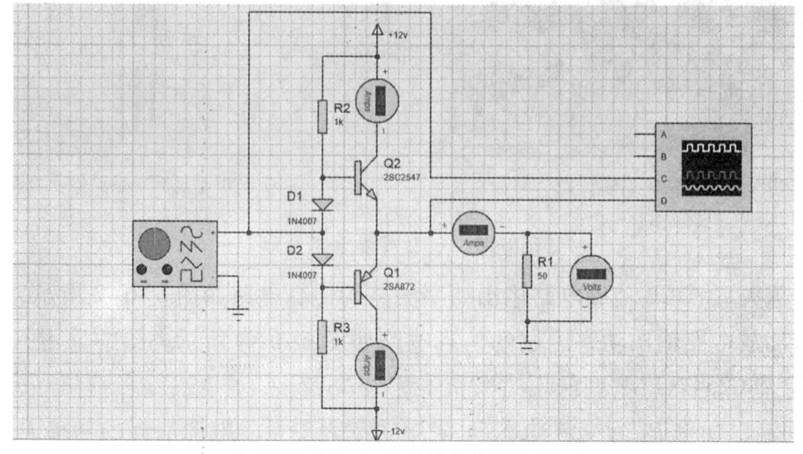

(a)（克服交越失真）功放电路的仿真电路

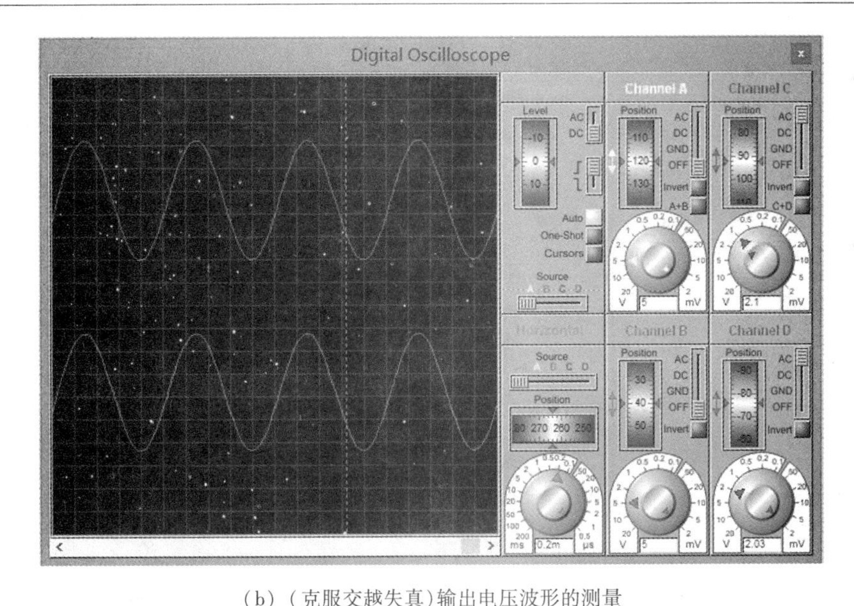

(b)(克服交越失真)输出电压波形的测量

图 6-6-3　(克服交越失真)OCL 功放电路输出功率测试的仿真电路

四、构建仿真电路

仿真电路所用的信号发生器所输出的电压信号的设置方法,仿真模拟电路时常用的虚拟示波器的使用方法,请阅读本章第一节半导体二极管特性的研究中有关内容。

首先,观察输出电压波形的失真情况。其次,分别测量静态工作时以及输入电压峰值为 11V 时的 P_o 和 P_V,并计算转换效率。

(1) 点击拾取元器件的按钮,单击按钮,输入所需的元件名或型号,并将各元件拖动至编辑窗口。

(2) 点击终端按钮,在对象选择器中列出各种终端,其中包含了 GROUND(地)、POWER(直流稳压电源)在内的多个元件,选中并拖动至编辑窗口。

(3) 点击虚拟仪器按钮,选择所需的仪表,如信号发生器、示波器、电压表、电流表等。

(有交越失真)功放仿真电路放置元器件后的界面如图 6-6-4 所示,(克服交越失真)功放仿真电路放置元器件后的界面如图 6-6-5 所示。

(4) 用导线将各个元器件及测量仪表按照图 6-6-2a 及图 6-6-3a 所示连接起来。注意,一定要点击连接,不能将两个元件的触点放在一起,此时电路仍是不通的。

(5) 双击或右键单击元件,选择“Edit Properties”(编辑属性)选项,修改所需元件的参数。

(6) 右键点击信号发生器,选择“VSM Signal Generator”(信号发生器),弹出信号调整对话框,调整输出电压的幅值和频率,幅值的峰值为 11V(非峰-峰值),要将信号的频率调整至 1kHz。

(7) 右键点击示波器,选择“Digital Oscilloscope”(数字示波器),弹出波形框,选择调整相应的挡值等。

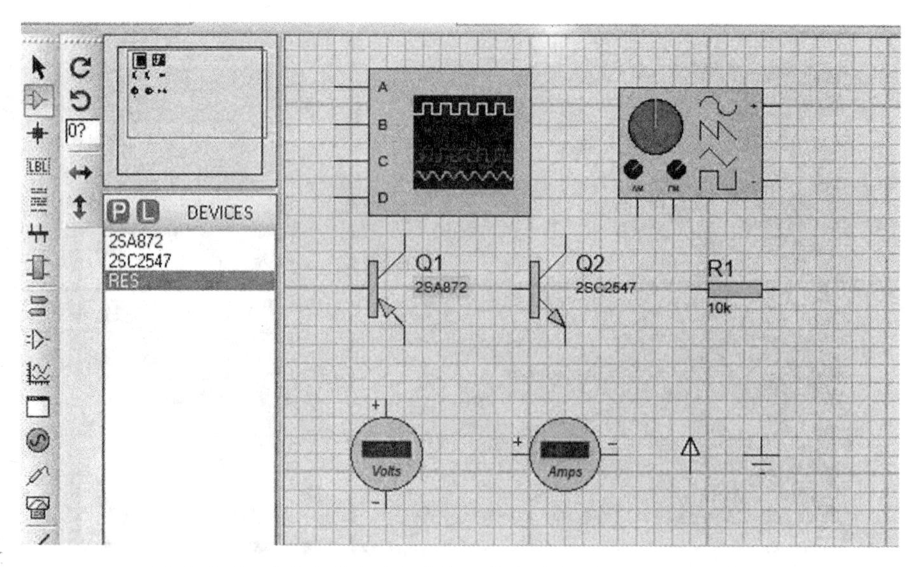

图 6-6-4　(有交越失真)功放仿真电路放置元器件后的界面

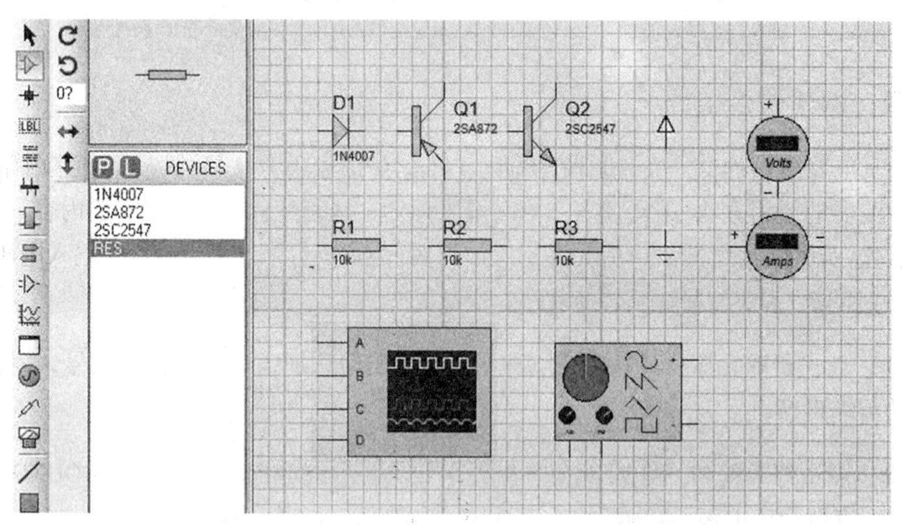

图 6-6-5　(克服交越失真)功放仿真电路放置元器件后的界面

(8) 点击编辑界面左下角的仿真运行按钮▶,仿真电路开始运行。

五、仿真结果

(1) OCL 电路输出信号峰值略小于输入信号峰值,输出信号波形产生了交越失真,且正、负向输出电压幅值略有不对称。产生交越失真的原因是两只晶体管均没有设置适合的静态工作点,正、负向输出电压幅值不对称的原因是两只晶体管的特性不是理想对称。

(2) 由理论计算可得电源消耗的功率为

$$P_{V} = \frac{2}{\pi} \cdot \frac{V_{CC}(U_{omax+} + U_{omax-})/2}{R_{L}}$$

该数据明显大于仿真结果,使转换效率降低为

$$\eta = \frac{P_{om}}{P_{V}}$$

与通过仿真所得的结果误差小于5%。产生误差的原因是输出信号产生了交越失真和非对称性失真。由此可见,对于功率放大电路的仿真过程,对电路设计具有指导意义。

六、仿真要点

(1) 在有些器件无法找到的情况下,可以采取折中的办法。例如此例中用一只电压表和一只电流表来代替一只功率表的作用。

(2) 在选取具体芯片的型号时,要注意其特定类型和具体实现的功能。

第七节　三端集成稳压电源 W7805 稳压性能的研究

一、实验任务

研究三端集成稳压电源 W7805 的输出电压、电压调整率、电流调整率以及输出纹波电压。

二、选用器件

实验仿真元件及其对应名称见表6-7-1。

表6-7-1　实验仿真元件及其对应名称

实验仿真元件	元件名称
三端稳压器芯片	7805
电容	AUDIO1U
电阻	RES
整流桥	DF005M
直流稳压电源	BATTERY
信号发生器	SIGNAL GENERATOR
示波器	OSCILLOSCOPE
地	GROUND

三、三端集成稳压电源

三端集成稳压电源主要有两种:一种输出电压是固定的,称为固定式输出三端稳压电源;另一种输出电压是可调的,称为可调式输出三端稳压电源。其基本原理相同,内部电路均采用串联型晶体管稳压电路。在线性集成稳压电源中,由于三端稳压电源只有三个引出端子，具有外接元件少、使用方便、性能稳定、价格低廉等优点，因而得到广泛应用。三端集成稳压电源常见外形如图 6-7-1 所示。

（a）直插式三端稳压芯片 7805

（b）贴片式三端稳压芯片 7805

图 6-7-1　三端集成稳压电源常见外形

四、构建仿真电路

仿真电路所用的信号发生器所输出的电压信号的设置方法，仿真模拟电路时常用的虚拟示波器的使用方法，请阅读本章第一节半导体二极管特性的研究中有关内容。

集成稳压电源参数测量的仿真电路如图 6-7-2 所示，集成稳压芯片采用 7805。

首先，按图 6-7-2a 所示的电路测量电压调整率，测量条件为 $I_o = 500\text{mA}$、$7\text{V} \leqslant U_i \leqslant 25\text{V}$。其次，按图 6-7-2b 所示的电路测量电流调整率，测量条件为 $250\text{mA} \leqslant I_o \leqslant 750\text{mA}$。第三，按图 6-7-2c 所示的电路观测输出纹波电压。

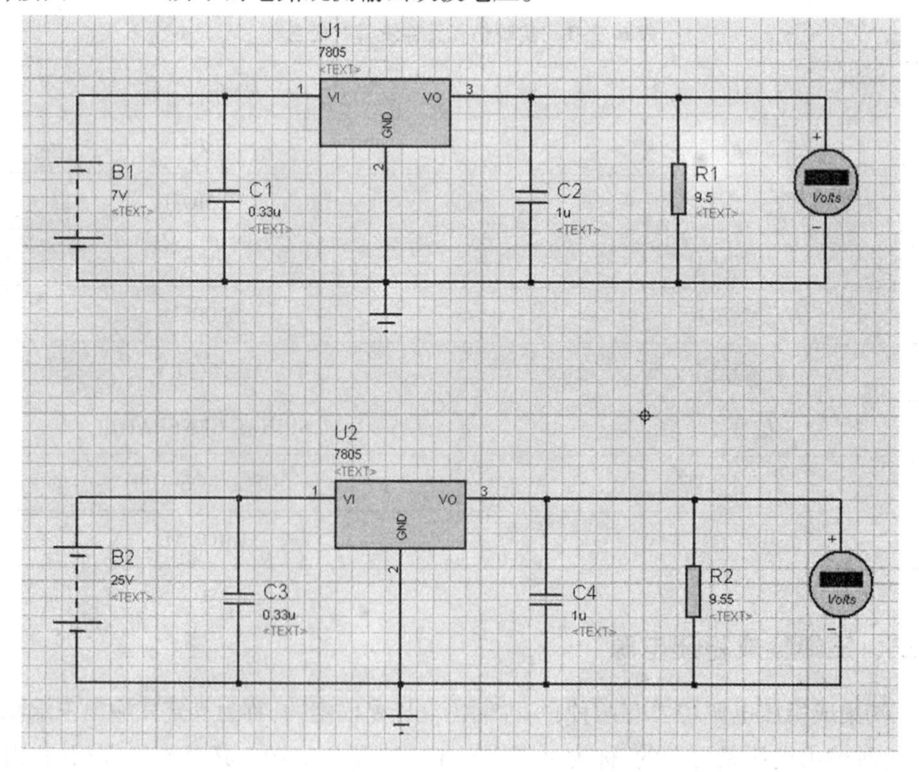

（a）测量集成稳压芯片电压调整率的仿真电路

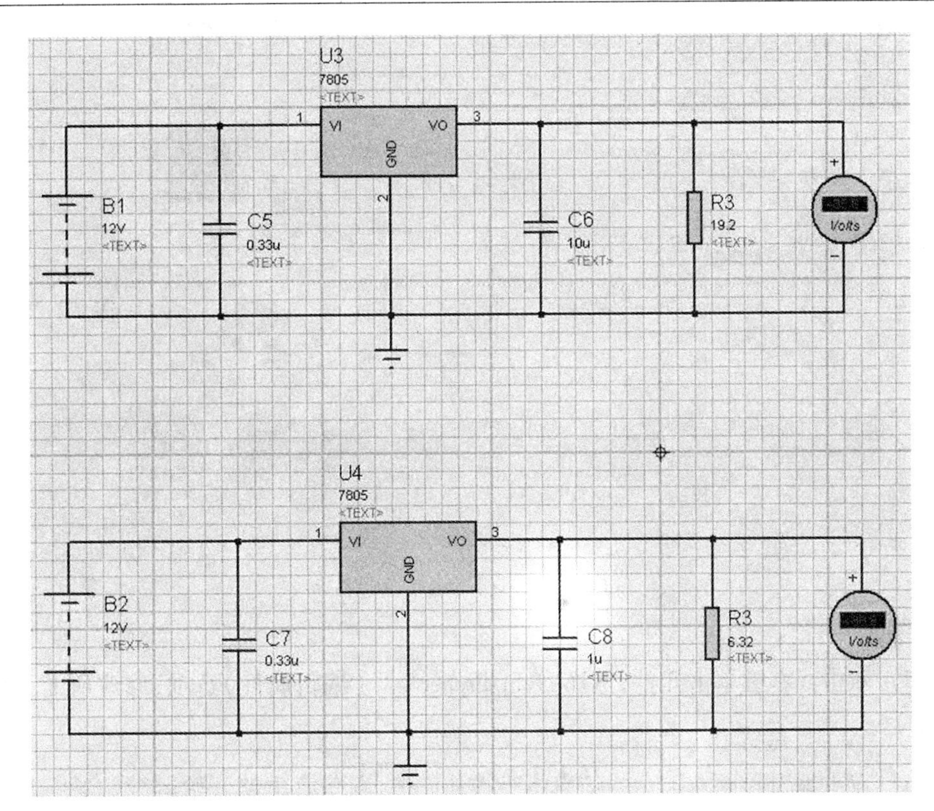

（b）测量集成稳压芯片电流调整率的仿真电路

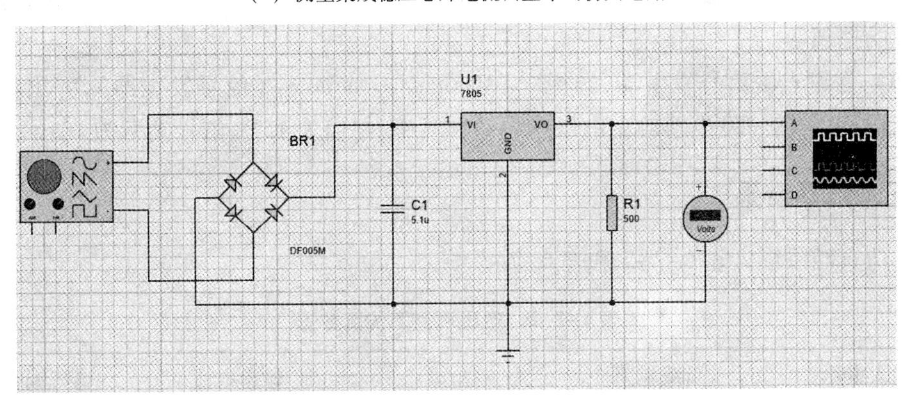

（c）观察集成稳压芯片输出纹波电压的仿真电路

图 6-7-2　集成稳压电源参数测量的仿真电路

（1）点击拾取元器件的按钮，单击按钮，输入所需的元件名或型号，并将各元件拖动至编辑窗口。

（2）点击终端按钮，在对象选择器中列出各种终端，其中包含了 GROUND（地）、POWER（直流稳压电源）在内的多个元件，选中并拖动至编辑窗口。

（3）点击虚拟仪器按钮，选择所需的仪表，如信号发生器、示波器、电压表、电流表等。

放置元器件后的界面如图 6-7-3 所示。

（4）用导线将各个元器件按照如图 6-7-2 所示的集成稳压电源参数测量的仿真电

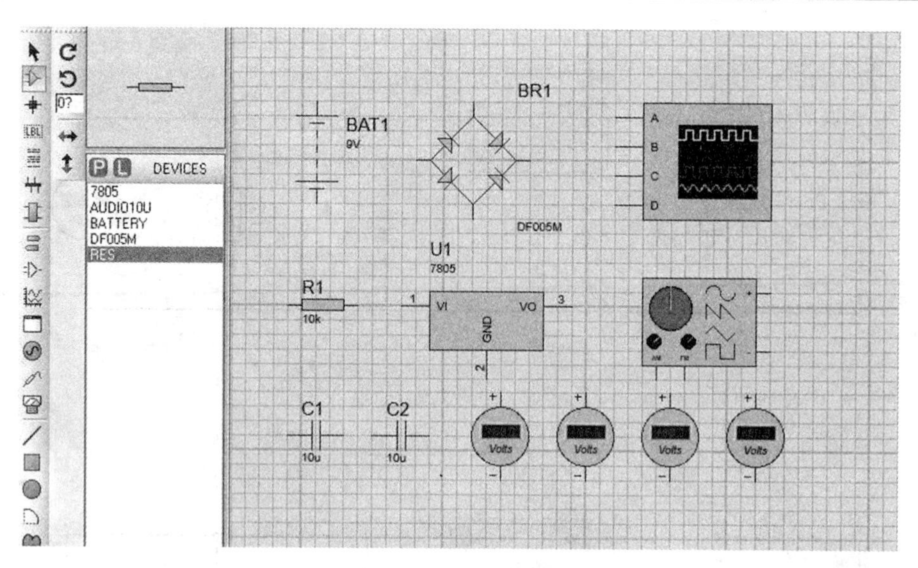

图 6-7-3　放置元器件后的界面

路连接起来。

（5）双击或右键单击元件，选择"Edit Properties"（编辑属性）选项，修改所需元件的参数。

（6）点击编辑界面左下角的仿真运行按钮▶，仿真电路开始运行。

（7）右键点击示波器，选择"Digital Oscilloscope"（数字示波器），弹出波形框，选择调整相应的挡值等。

（8）右键点击信号发生器，选择"VSM Signal Generator"（信号发生器），弹出信号调整对话框，调整信号发生器输出电压的幅值和频率，幅值为 12V，信号频率为 10Hz。

五、仿真结果

将仿真结果填入表 6-7-2 和表 6-7-3 中。

表 6-7-2　电压调整率仿真数据

输入电压 U_i(V)	负载电阻 R_L(Ω)	输出电压 U_o(V)	输出电流 I_o(mA)	电压调整率 ΔU_o(mV)
7			500	
25			500	

表 6-7-3　电流调整率仿真数据

输入电压 U_i(V)	负载电阻 R_L(Ω)	输出电压 U_o(V)	输出电流 I_o(mA)	电流调整率 ΔI_o(mA)
12			250	
12			750	

六、仿真要点

（1）在测试时，注意测量相关参数时所需要的条件。

（2）注意观察波形中纹波电压正负方向的幅值，纹波电压近似为正负方向幅值不对称的矩形波。

（3）在 $I_o=500\text{mA}$、$7\text{V}\leqslant U_i\leqslant 25\text{V}$ 的条件下，测得 7805 的电压调整率为多少？

（4）在 $U_i=12\text{V}$、$250\text{mA}\leqslant I_o\leqslant 750\text{mA}$ 的条件下，测得 7805 的电流调整率为多少？

实验名称________________________________

学院__________________班级______________专业______________

姓名__________同组者姓名__________实验时间_________成绩____

参 考 文 献

[1] 秦曾煌. 电工学[M]. 7 版. 北京:高等教育出版社,2010.

[2] 邱关源. 电路[M]. 5 版. 北京:高等教育出版社,2006.

[3] 童诗白,华成英. 模拟电子技术基础[M]. 4 版. 北京:高等教育出版社,2001.

[4] 阎石. 数字电子技术基础[M]. 4 版. 北京:高等教育出版社,1998.

[5] 卓郑安. 电路与电子实验教程及计算机仿真[M]. 北京:机械工业出版社,2002.

[6] 卓郑安. 电路电子实验基础[M]. 上海:同济大学出版社,2005.

[7] 卓郑安. 电路与电子技术实验教程[M]. 上海:上海科学技术出版社,2008.

[8] 卓郑安. 电路与电子技术实验教程[M]. 2 版. 上海:上海科学技术出版社,2009.

[9] 卓郑安. 电路电子实验基础[M]. 2 版. 上海:同济大学出版社,2011.

[10] 谢龙汉,莫衍. Proteus 电子电路设计及仿真[M]. 北京:电子工业出版社,2012.

[11] 朱清慧,张凤蕊,翟天嵩,等. Proteus 教程——电子线路设计、制版与仿真[M]. 2 版. 北京:清华大学出版社,2011.

[12] 周灵彬,任开杰. 基于 Proteus 的电路与 PCB 设计[M]. 北京:电子工业出版社,2010.